# 美好旅居

## 民宿

### 设计与管理

权靖予◎著

中国商业出版社

**图书在版编目（CIP）数据**

美好旅居：民宿设计与管理 / 权靖予著 . -- 北京：
中国商业出版社，2022.6
ISBN 978-7-5208-2074-5

Ⅰ . ①美… Ⅱ . ①权… Ⅲ . ①旅馆 – 建筑设计②旅馆
– 经营管理 Ⅳ . ① TU247.4 ② F719.2

中国版本图书馆 CIP 数据核字（2022）第 102564 号

责任编辑：刘加莹
策划编辑：武维胜

中国商业出版社出版发行
（www.zgsycb.com　100053　北京广安门内报国寺 1 号）
总编室：010-63180647　编辑室：010-83128926
发行部：010-83120835/8286
新华书店经销
北京亚吉飞数码科技有限公司
＊
710 毫米 ×1000 毫米　16 开　16 印张　205 千字
2022 年 6 月第 1 版　2022 年 6 月第 1 次印刷
定价：86.00 元
＊＊＊＊
（如有印装质量问题可更换）

# 前　言

　　民宿，承载着理想、情怀和运营管理智慧，在旅游市场中备受旅客的喜爱，成为很多人旅居的首选，发展前景广阔。

　　创办民宿，在多彩山水、多元文化中为旅客提供一处别具一格、充满温度的住所，是一件浪漫而有意义的事情，可以成为终身从事的事业。

　　那么，开办民宿需要从何处着手？将民宿开在哪里、设计成什么样子？如何宣传推广民宿、让旅客纷至沓来？……本书将系统探讨这些问题。

　　首先，开办民宿并不能仅凭一腔热情，本书开篇与你一起分析开民宿之前需要考虑的民宿的定位、条件、资金、选址等问题。在明确这些问题后，再进一步讨论民宿的空间设计与装饰艺术，让你拥有一家别具一格、与众不同的民宿。

　　其次，手把手教你为民宿设计标志，带你了解当前常见的有效营销方式，为你提供通过各种平台和自媒体推广民宿的技巧与方法，帮你打造精品民宿，吸引旅客主动预订、入住。

　　最后，民宿的长期持续运营离不开良好的服务与管理，本书带你系统了解民宿入住服务、民宿员工管理、民宿后勤管理，让你的民宿更有温度，更专业、规范地运营。

**美好旅居**
民宿设计与管理

　　全书结构完整、内容丰富、深入浅出、循序渐进，并特别设置"漫谈民宿""避坑指南"两个板块，将民宿设计、管理之道与你娓娓道来。通过阅读本书，相信你会对创办民宿、管理民宿有更深的认识，也将更有信心投身生机勃勃的旅游市场，去追寻诗与远方！

作者

2021 年 11 月

# 目　录

第一章

开民宿，你想好了吗

旅行是现代人的一种时尚生活方式，旅行能让人们暂时摆脱工作和生活的压力，放松身心。住宿是旅行中十分重要的一环。好的住宿体验可以让旅程轻松舒适，给人带来美好心情。

　　现代人追求个性，渴望与众不同。民宿装修风格多样，或温馨舒适或时尚前卫或极富"人情味儿"，因此备受人们的青睐，成为住宿界的"新宠"。你是不是也看到了民宿的商机，想要开办自己的民宿呢？你知道开办民宿需要具备哪些条件吗？接下来，就让我们一起来揭晓这些问题的答案吧！

# 民宿、旅馆、酒店，和而不同

当假期来临时，来一场说走就走的旅行，逃离城市的喧嚣，回归自然，或到森林中呼吸新鲜的空气，或到山顶去看缥缈的云海，或到海边去听海浪拍岸的声音，抑或只是换一个城市，晒晒太阳，看着天空的云朵发呆……

提到旅行，就不得不提到其中重要的一环——住宿。民宿与旅馆、酒店，都是为旅客提供住宿、休息的地方，旅程中有相当一部分时间就是在这里度过的。好的环境和服务能够让旅客在劳累的旅途中享受像家一样的温暖，令旅客流连忘返，为他们的旅程锦上添花，增添美好的记忆。那么你知道民宿与酒店、旅馆之间有哪些不同之处吗？

## ⌂ 豪华的酒店

  酒店的规模一般比较大，配套设施齐全，像浴巾、毛巾、一次性洗漱用品、吹风机等一应俱全，有的酒店还提供冰箱、保险箱、茶具等，满足一些客人的特殊需求。

  酒店的装修比较豪华，有的星级酒店将待客大厅装饰得富丽堂

豪华的酒店大厅

皇，房间里的装修也别具特色，而除了酒店大楼之外，酒店还可能配备花园。

酒店的服务十分丰富，不仅提供清洁等基础服务，有的酒店还配备健身房、游泳池等设施，满足客人的健身需求；有的酒店具有 KTV、SPA、游乐场等娱乐场所，丰富客人的精神生活；有的酒店提供多家特色餐厅，照顾客人的不同口味。

酒店的装修越豪华，配套设施越完善，价格往往越昂贵，相应的前期投资也就越多。

豪华的酒店客房

## ⌂ 经济的旅馆

旅馆的规模相对酒店要小一些，一般会配备基本的必需品，提供必要而不奢华的服务。相较于酒店，旅馆会更充分地利用空间，打造更多的客房，所以旅馆的价格更加优惠。

旅馆的装修一般采取简约的风格，各家旅馆提供的餐饮服务可能不尽相同，有的旅馆甚至没有餐饮服务。

## ⌂ 舒适的民宿

民宿与酒店和旅馆都不相同，它的房间相对较少。民宿的形式也多种多样，有的依山而建，有的傍湖而修，有的则是普普通通像家一样的庭院。

民宿的装修虽然没有酒店豪华，但都独具特色。民宿的选址可能处于闹市之中或者黄金地段，但也常常处于自然景观优美、原生态的一隅之地。

有的民宿由于房间和客流量相对较少，工作人员相应地也比较少，一个人可能既是老板也是员工，既负责前台接待也负责打扫庭院，可能正是因为这种亲力亲为，才让人们觉得民宿的服务热情又具有"人情味儿"。

民宿的餐饮不像酒店那么多样化，但往往带有浓浓的地方特色，有的民宿还会自己种植蔬菜和水果，保证客人吃到最新鲜的美味。

大部分民宿的价格相对酒店更加亲民，装修风格或体现主人独特的品

温馨的民宿阳台

别致的民宿客房

位与喜好，或体现当地风土人情，房间布置通常温馨舒适，让旅客更有"家"的感觉。

民宿不像酒店那样千篇一律，选择民宿是选择一种个性化的服务和体验。民宿常常与当地的人文环境和地理环境相结合，民宿的主人可以带领旅客深度体验当地的民风民俗，让旅客扮演一回"当地人"，给旅客带来独一无二的旅行经历。

随着我国人民生活水平的提升，假期出游人数逐年增多，在旅游旺季，酒店、旅馆常常难以预订，而民宿的加入，则缓解了这一压力，为旅客提供了更多的选择。

大型商业活动仍然离不开酒店的标准化服务，但是自由行的旅客却可以根据自己的喜好，选择提供个性化服务的民宿。民宿与酒店、旅馆共存，为住宿市场提供了多样化的选择。

【漫谈民宿】

### 民宿的起源

关于民宿的起源有两种说法，一种说法是民宿起源于日本，另一种说法是民宿起源于英国。

日本的民宿行业兴起较早，如今发展已十分完善。日本的民宿强调自助与合理收费，注重卫生条件，具有乡土气息与人

情味。

英国的民宿最早采用 B&B（Bed and Breakfast）的经营方式，主人为旅客提供早餐和床位，是一种家庭式招待。B&B 不同于旅馆的地方在于，热情的主人通常会带着旅客一起体验采摘、喂食等乡村生活。

如今，民宿的概念愈加宽泛，除了酒店以及一般的旅馆外，其他可以提供住宿的场所，如民宅、休闲中心、农庄等都可以归为民宿。在民宿中，主人可以引导旅客去逛逛当地的菜市场，品尝地方特色小吃，采摘应季水果和蔬菜，也可以体验当地特有的文化活动，感受不一样的生活，而这些正是民宿的魅力所在。

# 为什么开民宿

在开民宿之前，你是否认真地想过这个问题：为什么开民宿？

有的人开民宿是为了逃离城市的喧嚣，选择一处隐居山林的归所；有的人是希望分享自己的喜好，找到志同道合的朋友；有的人是想让全国各地的朋友认识自己的家乡，弘扬家乡的民俗文化；还有的人想要通过开办民宿来赚钱……

每个人的想法可能都不尽相同，但无论是哪种初衷，想要长久经营一家民宿，都不能只凭借一时热情或者空有情怀，在开民宿之前需要事先了解民宿的发展状况，熟悉民宿的相关政策，清楚行业的发展趋势，这样才能做到胸有成竹，有的放矢。

# 民宿的现状及发展趋势

## 🏠 民宿的发展现状

　　近些年来，伴随着我国经济的稳定增长，全国旅游人数和旅游总收入也呈现持续上涨态势。

　　根据 2020 年中国民宿行业发展研究报告，2020 年，受到国家政策扶持，我国乡村民宿得到大力发展，乡村民宿数量大幅提升，由 2019 年的 20 万套增长到 2020 年的 38 万套。在政策支持与从业者的努力下，2020 年整个民宿市场房源总量突破了 300 万套。

　　数据显示，民宿总体呈现蓬勃发展的态势。随着人民生活水平的提高、出游意愿的增强，相信在未来，民宿仍有很强的增长空间。

# 民宿的发展趋势

## ◆ 民宿不断推陈出新，类型多元化

民宿类型丰富，装修风格不一。各家民宿独特的类型和装修风格以及天然的周边环境常常为旅客带来新鲜的体验，吸引着旅客一次又一次选择民宿，这些都是民宿的核心竞争力。因此，同质化的民宿不再具有竞争力，新兴民宿要根据当地环境因地制宜，推陈出新，开创新风格的民宿，开发多元化的服务，只有这样，才能在民宿市场提升竞争力，满足旅客的不同需求。

## ◆ 城市民宿比例上升

随着民宿的多样化发展，民宿不再局限于乡村，城市中也涌现出大批民宿。相比于自然景观景点附近的乡村民宿，城市民宿具有改造成本低、交通便利、客户范围广等优点。

乡村民宿往往地处偏远，常常面临房源质量不佳或需要投资方自行建造的情况，这种情况下，水电、消防设施往往都不十分完备，需要投入大量资金进行改造。相比之下，城市民宿多利用普通住宅改造，水电、消防设施完备，只需要按照特定风格装修即可，成本相对较低。

位于乡村的民宿，如果周边交通环境相对落后，还需要花费资金改造周边的交通环境。而城市交通便利，周边配套设施完善，投资规模小。

近些年来，旅客的"旅行打卡点"不再只是远离市区的自然景观景

傍晚洱海边的民宿

点，城市中建设的新型主题乐园和各种博物馆也深深地吸引着旅客，比如上海的迪士尼乐园，北京的环球影城、国家博物馆等。

在家庭旅游日益普遍化的今天，更多的人开始注重城市深度旅游，城市民宿往往位于"烟火气"旺盛的当地居民区中，能很好地帮助"城市深度游"的旅客体验当地生活。

基于以上优点，许多企业和投资者重点布局城市民宿，使得城市民宿的数量不断增多，预计在未来，城市民宿在行业中的比重依然会不断升高。

城市民宿

## ◆ 民宿专业化程度上升

民宿由一开始的家庭副业个体经营逐步转化为现在的企业经营与个体经营并存的局面。由于存在个体经营，而且民宿经营的法律法规尚不完善，使得民宿的服务良莠不齐，没有统一的规范。但是随着行业的逐渐兴盛，旅客的要求将逐渐增高，专业机构开设的民宿占比将继续升高，行业的监管也将更加完备，未来民宿的经营服务将更加专业化、标准化与规范化。

浙江桐庐民宿

很多人在开民宿之前看到别人的民宿办得红红火火，于是满怀热情地投入民宿事业。但是经营良好又赚钱的民宿都各有特色，且只是一小部分，仍然有相当数量的民宿经营不善，只能苦苦支撑。一旦赚不到钱，所有的美好情怀都会变成噩梦。

所以，在开民宿之前需要做好充分的准备，好好调研，认真学习经验，精心设计，掌握民宿的先进管理方式。只有这样，才能让你实现理想，成功开好民宿。

# 开民宿需要具备哪些条件

了解了民宿的发展现状、相关政策以及行业发展趋势后，你是否仍然坚定不移要开民宿呢？那么，请勿忘初心，一起来看一看开民宿需要具备哪些条件吧。

2015 年国务院办公厅印发的《关于加快发展生活性服务业促进消费结构升级的指导意见》（以下简称《意见》）将民宿行业确定为生活性服务业，《意见》鼓励发展客栈民宿来满足人民群众的消费需求。之后，各地政府逐步加强对民宿的管理，根据情况纷纷出台当地民宿管理政策。

目前，浙江省民宿发展得较为成熟，下面以浙江省为例说明在浙江省杭州市开办乡村民宿需要具备哪些条件。

　　根据浙江省政府相关部门发布的《关于确定民宿范围和条件的指导意见》，以及杭州市政府相关部门发布的《关于进一步优化服务促进农村民宿产业规范发展的指导意见》，在浙江省杭州市开办乡村民宿需要具备以下一些条件，如图所示。

乡村民宿
的开办条件

民宿符合消防管理规定

民宿符合食品安全相关规定

民宿的选址在城镇或集镇建成区之外，并符合规定

符合民宿治安管理规范，如落实住宿登记制度，安装旅客住宿等级系统，安装摄像头等

民宿符合卫生管理规范

民宿有合法的土地和房屋使用证明

民宿符合环境保护管理规定，进行必要的污水治理

房屋建筑风貌与当地人文环境、地理环境协调，房屋结构稳固，邻里关系和谐，不能影响社会稳定

在浙江省杭州市开办乡村民宿的条件

在了解自己是否具备以上条件之后，接下来就可以进行民宿营业申请以及证照办理，在正式办理之前，应对相关部门的具体办理流程有所了解，以便充分准备材料，争取所有的环节都能一次申办成功。

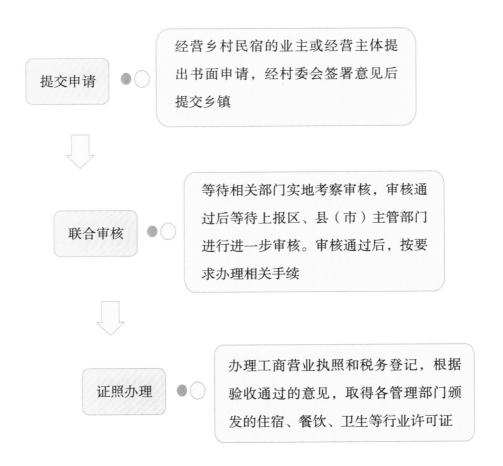

提交申请　　经营乡村民宿的业主或经营主体提出书面申请，经村委会签署意见后提交乡镇

联合审核　　等待相关部门实地考察审核，审核通过后等待上报区、县（市）主管部门进行进一步审核。审核通过后，按要求办理相关手续

证照办理　　办理工商营业执照和税务登记，根据验收通过的意见，取得各管理部门颁发的住宿、餐饮、卫生等行业许可证

在浙江省杭州市经营乡村民宿的申办流程

需要注意的是，在不同地区申办民宿需要具备的条件可能略有不同，具体需要具备的条件请参考当地政策文件。

# 投入资金从哪里来

　　想好了为什么开民宿，并具备了开民宿的基本条件后，现在你是不是已经跃跃欲试，开始着手启动民宿项目了呢？启动民宿项目面临的第一个棘手问题可能就是钱了，那么投入资金从哪里来呢？

　　资金大体上可以通过自筹、贷款、众筹等方式获得，不同的筹集方式在资金使用上又各有不同，下面对其进行详细介绍。

## 个人自筹

开办民宿需要一笔数额不小的资金，因此你可能需要拿出多年的积蓄，积蓄不够时，可能还需要找亲朋好友借款。通过这种方式筹集到的资金，可以按照自己的意愿支配，但是对于资金的使用需要进行合理的计划，对资金回本以及盈利的时间需要做到心中有数，以保证按时归还所借款项，保持诚信。

## 贷款

### ◆ 银行贷款

银行贷款是传统的资金来源方式，银行贷款又分为中小企业经营贷和个人消费贷。以企业形式经营的民宿可以申请中小企业经营贷，除此之外民宿经营者也可以以个人名义申请个人消费贷。

中小企业经营贷是中小企业法定代表人或控股股东向银行申请的用于补充企业经营、支持资金周转的银行贷款。

要想进行这种贷款，民宿主（个人或企业）一般需要满足以下要求：企业经营期限超过一年，注册资金需在 50 万元以上。进行中小企业经营贷通常需要抵押物（如房产等），贷款可以分期（3～5 年）偿还，贷款额度一般为抵押物价值的 50%。这种贷款方式适合以公司形式经营的民宿，且公司法人具有一定的资金。

消费贷，即消费贷款。收入稳定且信用良好的民宿经营者可以以个人名义向银行或金融机构申请消费贷款。

### ◆ 政策性贷款

受国家振兴乡村等相关政策影响，政府会选择一些地区设立民宿扶持资金，鼓励当地居民进行民宿改造，推动美丽乡村、特色小镇等的建设。

例如，北京市密云区人民政府印发《密云区促进文化和旅游产业发展的支持办法（试行）》的通知，规定符合当地政策标准的民宿项目可以申请 50 万元 5 年免息的政策性贷款；2017 年浙江省杭州市农办印发《杭州市农村现代民宿业扶持项目竞争性分配方案》等项目实施方案的通知，为鼓励乡村发展民宿建设，对农村现代民宿示范点的民宿进行补助，具体补助标准为投入额在 150～300 万之间的民宿补助 40～80 万元，投入额在 300 万元（包含 300 万）以上的民宿补助 80～100 万元。

## ⌂ 众筹

### ◆ 什么是众筹

众筹是指利用众筹平台通过团购或预购的形式发布筹款项目并筹集资

金。众筹利用互联网的相关特性，在网上宣传和展示项目的亮点，吸引对项目感兴趣的人进行投资。

在众筹过程中，众筹的发起人一般是有创意、有项目但没资金的项目创始人，众筹的支持者一般是对项目和回报感兴趣，能够给予财力支持的普通个人，发起人和支持者通过众筹平台这个互联网终端连接在一起。

采用众筹的方式来获取民宿启动资金具有以下几个特点。

（1）申请门槛低。只要是年满18周岁的成年人，无论什么身份、职业、性别，只要项目有亮点，想法有创意，就可以发起众筹。

（2）民宿众筹提供的回报方式具有多样性，可以是盈利分红，也可以是赠送民宿周边实物，还可以是低价预订民宿房间的特权等。

（3）依靠大众力量。民宿众筹的支持者通常是普通个人，而非公司、风险投资人等。

## ◆ 民宿众筹的可行性

近年来民宿发展迅猛，人们对民宿的接受度比较高。民宿作为情怀的投射，很容易激发支持者的投资热情；而且民宿体量小，投资相对较小，投资周期短，回款容易，这些特点使得民宿项目在众筹平台有着广阔的市场空间。

市面上现有的一些民宿项目就是通过众筹筹得资金得以开办的，如云南大理老宅故事客栈、莫干山从前慢民宿等。

## ◆ 常见民宿众筹平台

目前，网上的众筹平台中比较知名的有京东众筹、造点新货（原淘宝众筹）、众筹网、多生活（原多彩投）、开始吧等平台。

要想成功获得众筹，众筹发起人需要提供合理的回报才能吸引支持者。其中一种方式是支持者对项目投资，待项目成熟后获取项目的服务或周边产品。例如，民宿开业后，支持者可以用低于市场的价格预订民宿的房间；支持者预先储值，待民宿开业后可以获得民宿的较低折扣等。众筹者也必须清楚地认识到，采用众筹可以对民宿品牌起到推广作用，在民宿开业前即可收获客源，但也可能对民宿运营产生一定的压力。

特别值得说明的是，众筹成功后，所得钱款应专款专用，用于民宿的各项钱款应合理、透明、物尽其用，切勿用作其他与民宿经营管理无关的事项或用作非法用途。

# 要不要加盟

## 🏠 认识加盟

### ◆ 什么是加盟

加盟是指参加某个组织或团体。在民宿行业，是指一些民宿品牌的代理加盟。加盟使得加盟店与连锁总公司之间产生连续契约关系，根据契约，连锁总公司向加盟店提供加盟支持，例如相应的商业特权以及一些附加服务，如人员培训、经营管理、商品供销等；加盟店向连锁总公司支付加盟所需的费用。

### ◆ 加盟的优缺点

加盟可以借助品牌的知名度，但也需要额外支付加盟费用，具体是否加盟还需要认真衡量加盟的各项优缺点，其优缺点总结如下。

品牌具有知名度，运营模式成熟

加盟商只需根据品牌方指导经营即可获得稳定收益

选址、装修均有相应的专业指导

品牌方会有规划地宣传和推广品牌，并研发新品

加盟的优点

加盟的缺点

### ◆ 加盟的方式

加盟一般有以下三种方式，如图所示。

加盟的三种方式

自愿加盟是民宿经营者（加盟主）自愿采用同一品牌的经营方式。采用这种方式，加盟主需要向品牌总部支付一定的加盟费，总部提供指导经营等服务，店铺通常需要按照品牌总部规定的方式进行经营。民宿前期建设所需的各种费用均由加盟主自负，后期经营的盈亏也同样由加盟主自负，品牌总部收取加盟费用只提供商标权以及经营指导服务等。

委托加盟不同于自愿加盟，加盟主加入时只需支付一定费用，其他的，如民宿的前期建设以及后期经营技术均由品牌总部提供支持。采用这种方式，民宿的所有权归属总部，加盟主只有经营管理的权利，且需听从总部指挥，同时利润也需要与总部分成。

特许加盟是介于自愿加盟和委托加盟之间的一种形式。采用特许加盟时，特许人（品牌总部）与受许人（加盟主）之间维持一种契约关系，特许人向受许人提供一种特殊的商业经营特许权，同时提供人员培训、经营指导、商品采购等服务，受许人向特许人支付一定的费用，二者共同承担民宿的建设费用，因此受许人也需与总部分享利润。


## 🏠 民宿加盟的流程


加盟一家民宿品牌，通常需要经历以下流程，如下图所示。

对于加盟，选择一个合适的加盟品牌至关重要。如今，加盟品牌各式各样，面对众多的加盟产品应该如何进行选择呢？其实，了解加盟品牌也是有技巧的，不妨试试从以下几个方面来分析加盟品牌。

1 了解加盟品牌

6 装修安排

2 实地考察

7 总部培训

3 填写申请

8 开业筹备

4 签订合同

9 择日开业

5 店铺选址

民宿加盟的流程

加盟品牌的参考指标

| 参考指标 | 说明 |
|---|---|
| 品牌影响力 | 品牌要有较好的知名度和美誉度 |
| 企业文化 | 品牌的企业文化与加盟主的价值观需契合 |
| 服务体系 | 完善、优质的服务体系包括选址服务、店面规划、总部巡店考察、后续保障服务等 |
| 运营体系 | 品牌总部需设有专门负责管理连锁加盟的团队 |
| 培训支持 | 品牌方提供的培训应专业、有效 |
| 广告投入 | 品牌总部投入的广告，会让加盟商直接受益 |
| 经营能力 | 考察品牌总部的经营规模以及品牌未来的发展方向 |

（本表内容参考：江美亮.民宿客栈怎样做：策划·运营·推广·管理.北京：化学工业出版社，2020.）

通过初步了解，你可能已经确认了目标品牌，接下来就需要对目标品牌进行实地考察了。实地考察时首先要确认项目的以下基本信息。

（1）项目方是否进行了工商登记且工商登记在有效期内。

（2）确认项目方营业执照的有效性，项目方的企业名称、经营范围需与营业执照一致。

（3）按照国家规定，项目方必须具有两个及以上的直营店且经营一年以上才可以对外进行招商加盟。

通过以上方法了解并实地考察民宿品牌后，就可以依照品牌方的要求，按流程填写申请、签订合同，继而进行店铺选址、装修、培训等后续事宜。

考察民宿品牌时要注意考察项目的真实性。需要注意项目方提供的办公地址是否与营业执照上的地址一致，了解项目方的经营时间，查询项目方的租赁期限、经营时间和租赁时间。租赁时间越长，项目的可信度越高。如果项目方已经有多家加盟店，可以考察其加盟店的经营状况，向加盟店取经。如果项目方经营过别的企业和项目招商，也要同时考察那些项目的结果，以防被骗。

# 民宿的选址

房地产投资人李嘉诚说过："决定房地产价值的因素，第一是地段，第二是地段，第三还是地段。"民宿本质上属于房地产投资的另类形式，因此这句名言同样适用于民宿投资。选址是民宿项目的基础，民宿选址的好坏直接影响民宿将来的客流量与投资回报，好的民宿选址是民宿创办成功的制胜关键。

选址的标准可能因民宿定位、周边环境的不同而有所差别，但仍可参考如下几个因素。

影响选址的几个因素

第一，客流量。

热门旅行目的地本身自带流量。民宿发展成熟的江浙、云南等地区都
具有发展成熟的旅行城市，如云南的大理、浙江的杭州等，一些民宿依托
当地的旅游资源，可以与当地的环境一同发展。对于首次接触民宿项目的
经营者，将地址设在热门景点周边，能有效提高民宿的入住率，实现快速
回本。

第二，交通环境。

民宿周边的交通环境对民宿的客流量也有很大的影响。民宿所在城市
最好配有机场和高铁，方便其他地区的旅客前来旅行。民宿选址时应充分
考虑到民宿与高铁、机场、高速路口等的距离，如果民宿位置偏僻，则容
易损失很多潜在客户，毕竟老人和儿童都不适合长途跋涉；而且选择民宿
的旅客多是为了缓解生活的压力，到民宿中放松身心，因此多数人更愿意
选择轻松的度假方式。

第三，政府政策。

目前，各地民宿发展不均衡，各地政策对民宿也持有不同态度。例如，江浙地区为鼓励发展乡村民宿，不仅提供证照办理的快速通道，还对符合标准的乡村民宿提供相应补贴。在民宿选址前，应充分考察当地的民宿政策，了解办理民宿是否有政府鼓励和优惠政策，了解各类证照的办理流程。

民宿多选址在风光秀美的地方（双廊古镇，自然风光 + 人文风光）

第四，生态环境。

民宿周边优美的自然景观可以成为民宿的特色。如果民宿依山而建或傍水而栖，在房间中推窗即景，那么旅客在民宿中既能得到充足的休息又能欣赏绝佳的风景，度假的人们不需要再奔去景点"打卡"，民宿自然就能够吸引大量旅客前来体验这种轻松而又美好的度假方式。

民宿多选址在风光秀美的地方（泸沽湖，自然风光）

第五，人文特色。

民宿选址时除了考虑自然环境外，也应当考虑当地的人文环境。民宿是有"温度"的住宿产品，民宿管家通过与旅客互动，带领旅客深度感受当地独特的文化或特有的民风民俗，让旅客感受文化的碰撞与冲击，给旅客带来别样的旅行体验。

第六，基础配套设施。

民宿想要正常运营需要满足水电、消防、垃圾处理、排污等各方面的要求，因此在民宿选址时，要考虑民宿在这些方面的改造难度。如果基础配套设施过于简陋，则可能不具备改造条件或者改造花费过大，提高投资成本。民宿营收规模较小，投资成本提高可能会导致回本时间延长。

在民宿市场中，中小规模的民宿面临着不小的竞争压力。如何让自己创办和经营管理的民宿在众多民宿中脱颖而出，是民宿新入行者必须思考的问题。

　　民宿的设计风格彰显了民宿主人的生活品位、艺术审美，直接影响着民宿的品牌定位，以及民宿在目标人群中的受欢迎程度，是一家民宿重要的无形资产和形象影响力。那么，究竟如何定位民宿设计，设计一家别具一格的、受旅客喜爱的民宿呢？接下来，就让我们一起去探索民宿设计的秘密。

# 建造旅客心中的梦想家园

## 🏠 旅客的理想居所应该是什么样

民宿是旅客或长或短的旅途中的临时住所，是旅客休息整顿再出发的场所。

好的民宿，不仅能满足旅客对住宿的要求，为旅客提供基本的生活帮助，还总是能与旅客的兴趣爱好相契合，能满足旅客对理想居所的向往，给予旅客情感慰藉。

## ◆ 旅途中的休憩地

民宿，首先是住宿之所，其次才是情感寄托之所。

从事民宿创办、设计与经营管理，必须了解客户的基本需求，民宿，不能脱离休息和住宿。

随着我国旅游业的不断发展，我国外出旅游的人越来越多，而在旅途中最重要的一件事就是住宿。很多旅客都是在动身出发之前就提前预订了住宿之所，一些热门景点的热门民宿的房间更是需要提前一个月或者更长时间进行预订。

民宿作为提供住宿的重要场所，备受旅客的重视。

因此，作为民宿创办者和经营管理者，必须对民宿应提供的住宿这一基本服务有明晰和明确的认识，如果这一最基本的需求都不能满足旅客，那么，民宿也就无法长期持续运营。

## ◆ 有特色才能被关注

如果你留意观察就会发现，有很多民宿会突然在某一段时间内成为"网红打卡地"，而让这些民宿"一夜爆红"的"点"就是其与众不同的特色，这些特色又会在很大概率上表现为民宿的设计特色——这一特色具有外显性，更容易受到公众的关注。

富有特色的民宿设计，往往最能体现民宿的创办理念、审美标准，它将民宿文化外化，让民宿文化更容易被旅客理解，从而吸引认同这一文化审美的旅客的关注。

因此，一个成功的民宿应与旅客的文化追求、艺术追求、思想追求等相契合。

与蓝天白云碧水融为一体的湖边民宿

## ◆ 不得不说的情怀

无论是民宿的创办者，还是民宿的旅客，大都是心中有情怀的人。

民宿在为旅客遮风避雨、提供食宿的同时，也应能满足旅客的精神追求，成为旅客的心理避风港。

在价位、地理位置相当的不同民宿中，富有情怀的民宿设计，往往更能吸引旅客。如富有书香气息的莫干山居图民宿，是民宿，也是图书馆；

再如寺下山隐民宿，隐于山林，各个房间围绕"柴米油盐酱醋茶"命名，给人以归隐田园的生活趣味。

"有主人，有酒，有故事"。很多民宿创办者通过自身的经历和故事吸引着旅客的入住，他们曾经是成功的商人，或者打工者，或者文艺工作者，或者教师……脱离原来的生活圈子后，他们定居一隅、创办民宿。民宿内的一床一灯、一花一木，民宿外的云海雪山、青山绿水，完美融合人力与自然之工的设计，都体现了民宿主人的情怀，这些情怀也吸引着寻找心灵慰藉的旅客前来探寻和停留。

【漫谈民宿】

## 为民宿目标人群画像

了解民宿面向的目标人群，也就是消费者，有助于民宿主更有针对性地开展运营，也有助于了解目标人群的生活态度、兴趣爱好、艺术审美，这对于确定民宿设计风格非常有帮助。

那么，如何了解和分析民宿的目标人群呢？可以对目标人群进行画像，具体通过贴标签的方式进行。

首先，了解目标人群的年龄阶段、收入水平、日常工作与生活状态、兴趣爱好与向往的生活方式等。

其次，通过丰富的数据调查后，给目标人群贴标签，如个性张扬、颜控、二次元、佛系等，再据此推断目标人群向往什么样的旅行生活，自己的民宿风格与环境能否让他们暂时卸掉身心负担、轻松愉悦地享受生活。想清楚这些问题后，相信你一定能对自己的民宿风格有更清楚的认识。

# ⌂ 民宿定位决定民宿设计风格

民宿的定位对民宿设计风格有重要的影响，这一点并不难理解，不同的定位，面向的市场不同、消费群体不同，民宿的设计风格自然也应有所区别。

## ◆ 市场定位，民宿设计的重要影响因素

随着旅游业的不断发展和人们生活品位的不断提高，即便是在旅途中，人们也十分重视生活质量、生活品质，这正是民宿应运而生的重要市场基础。

与富丽堂皇的酒店不同，小而精的民宿的小众建筑风格与内部装修风格、个性化服务、特色文化都是特别能吸引旅客的"点"，是民宿在旅游市场中的重要竞争力。

就民宿的市场定位来说，市场目标人群，是影响民宿设计风格的重要因素之一，民宿主与民宿面向的市场目标人群，审美相同或相似，才能吸

引旅客前来入住。例如，很多民宿主具有较高的审美水准，自身在艺术、设计领域颇有建树，其所创办的民宿独具风格，会吸引喜欢这种风格的旅客来民宿入住。

需要特别补充的一点是，如果是民宿初入行者，且对民宿整体设计思路与风格把握不准，应多做市场调研，明确市场定位，了解客户人群的审美和设计喜好，在此基础上确定民宿的设计风格。

### ◆ 入乡随俗的民宿设计

将民宿融入选址地独特的人文风情、自然景观之中，一定是一道别样的风景，此类民宿应遵循当地文化特征，入乡随俗，从民宿建筑外观设计、内部装修设计都应该体现地方文化特色。

　　创办民宿，仅凭一腔热情是远远不够的，有很多民宿主在创办民宿之前，没有想好自己的民宿定位，设计风格与主题不明确，不能形成自己的特色，进而在众多民宿的"抢客大战"中败下阵来。

　　那么，民宿主要怎样才能在民宿设计方面少

走弯路呢？具体应注意以下几点。

第一，有自己坚定的审美标准，明确自身优势，不盲目跟风。

第二，民宿的设计风格应整体和谐统一，有的民宿主总想把别人的设计优点都拿来用，结果往往是风格混搭、显得杂乱。

第三，民宿风格在兼顾自身整体的基础上，应与周围环境和谐统一。

第四，民宿设计与设计实现费用切勿超过最大预算。

# 不同风格，不同品位

"一千个读者眼中有一千个哈姆雷特"，不同的民宿主、民宿设计师对民宿的认知不同、感受不同、审美不同，因此会产生各种不同风格的民宿。不同风格的民宿，彰显了民宿主与设计师的不同品位，也促进了民宿风格类型的多样化。

接下来，一起来欣赏下面几种常见的民宿风格。这些不同风格的民宿设计或许会给你创办民宿带来一些启发。

## 田园风格，惬意自在

现代社会生活节奏快，越来越多的人开始向往回归炊烟袅袅的乡村，田园风格的民宿，让旅客有机会回归山野、回归田园，去感受最简单、朴实的生活方式。

田园风格的民宿，在设计方面整体倾向于自然化，包括民宿选址环境、民宿外部形态、民宿内部陈设，都尽量做到为整个居住环境营造自然气息，点缀自然、装饰自然，有自然之趣。

田园风格的民宿

自然淳朴的民宿公共区域

# ⌂ 简约风格，舒适时尚

很多旅客出门远行，是为了暂时远离纷扰复杂的生活，寻得一处美景"偷得半日闲"，为生活做减法，让生活变得更简单，身心压力都会减少很多。

简约风格的民宿非常受年轻人的喜欢，能给人以舒适、时尚之感，同时又不会有多余的环境元素增加心理负担，能让旅客尽可能地感受生活的乐趣。

简约风格的民宿设计与装修通常选用净白的空间，重视清新元素的点缀，重视建筑和装饰的线条变化，再加上合理的家具布置，能营造出疏解压力的舒适空间，给人以安静舒适的美好享受。

简约 ins（Instagram）风格民宿

美好旅居
民宿设计与管理

中式简约风格民宿

现代简约风格民宿

# ⌂ 工业风格，兼具理性与随性

　　工业风格的建筑和室内设计具有干净利落的简约美，同时因为用材和外观展示的独特性（如砖墙、金属陈设与装饰、暴露的管线等），再加上黑白灰的简单用色，凸显沉静、理性，同时也透露出不羁、粗犷之感。

　　一般来说，工业风格的民宿比较受年轻人的喜欢，从设计效果来说，粗糙的材料质地、斑驳的机理、冷淡的颜色，会让整个民宿看起来有岁月感，又不失时尚感。

工业风格的起居室

工业风格的卧室

## 民族风格，浓郁的民俗风情

民族风格的民宿多与当地文化结合在一起，具有浓郁的地方民俗风情。一般来说，此类民宿多出现在少数民族聚居地（当然也有一些另辟蹊径，大隐隐于市的特色民族风民宿），为旅客展示浓郁的地方民族文化，让旅客近距离接触民族风情与文化。

如果你想开一家民族风格的民宿，那么民宿中一定不能缺少民族元素，无论是庭院环境还是软装细节，恰当的民族元素点缀能起到画龙点睛的装饰效果，能给客人留下难忘的印象。

## 欧式风格，彰显贵族品质

现在有不少家庭装修会选择欧式风格，欧式民宿承袭欧派建筑华丽的装饰、精美的造型、浓重的色彩等显著特点，给人以雍容华贵、宏伟大气、富丽堂皇之感。

在欧式风格的民宿中，大理石廊柱、拱形顶、精美的地毯、带花纹的墙纸、色彩浓重的壁挂和壁画、注重细节的雕塑等，都是不可缺少的元素。

如果你偏爱欧式风格的设计，并且有充足的启动资金，可以考虑开办一家具有欧式风格的民宿。

## 禅意风格，心由境造、境由心生

有多少人是为了暂时远离钢筋水泥的城市生活而选择到一处山清水秀的地方去旅游呢？即使不知道确切的数字，相信你也知道，这样的人有很多。

禅意风格的民宿，是民宿市场中的一股别样的清流，能给众多受生活、工作、情感等方面的问题所困扰的人一个心灵休憩的场所。静谧、淡然、空灵，便是这类民宿最贴切的代名词了。

禅意风格的民宿设计强调对称美、意境美，注重空间的层次感与跳跃感，讲究简练、以少胜多。身处这样的环境中，能让旅客的心情得到放松，有安神静心、以景怡情的效果。

山中民宿的落地窗

民宿茶室

# 主题民宿设计，身临其境

民宿市场竞争激烈，为民宿赋予一定的"主题"能增加民宿的文化内涵，增加民宿的文化竞争力。民宿主题文化有助于将民宿打造成沉浸式度假休闲"俱乐部"，以稳定客源、持续运营。接下来一起了解几种目前比较受欢迎的主题民宿设计。

## ⌂ 木屋主题民宿

木屋主题民宿返璞归真、回归自然，是当下非常受欢迎的一类主题民

宿，消费者人群广泛，男女老少接受度均较高。

　　木屋主题民宿以木材为主要建筑材料，有多种建筑变化形式，接地木屋、树屋、竹楼、茅草屋等均属此类。它们使用最原始的建筑材料，就地取材，与周围自然环境相映成趣，但此类民宿的选址和安全管理专业性要求较高。

乡村茅草木屋民宿

热带雨林栈道木屋民宿

高跷茅屋民宿

树屋民宿

## 🏠 温泉主题民宿

温泉主题民宿和木屋主题民宿具有相同点，即都是依托自然地理环境而设计建造的民宿。温泉主题民宿将游山玩水、泡温泉、养生、休闲、住宿等功能有机结合起来，尤其受到中老年旅客朋友的喜爱。一些民宿由于设计上加入了时尚元素，也受到不少年轻旅客的青睐。

依山傍水、择佳地而居——温泉主题民宿对地理环境要求较高。

温泉民宿

## 亲子主题民宿

　　亲子游是一种比较普遍的旅游方式，为照顾同行少年儿童的旅行体验，有些旅客会选择具有童趣的住处，亲子主题民宿由此应运而生。

　　亲子主题民宿注重打造温馨、自然、奇妙、童趣的居住环境，在建筑整体和装修装饰方面，可选建材广泛，设计风格多样，色彩搭配自由，在营造游乐环境的同时，会充分考虑环境与设施的安全性。

亲子主题民宿温馨的卧室

原生态亲子民宿卧室

# 其他主题民宿

随着主题民宿的日益流行，更多样化的主题民宿不断出现，如酒吧民宿、水上民宿、帐篷民宿、房车民宿、观海（观山、观星）民宿等，这些主题民宿为民宿市场注入了许多新活力。

水上民宿

房车民宿

帐篷民宿

观星民宿

集装箱民宿

# 民宿软装设计，融入地方文化

## 软装细节不容忽视

软装，简单来理解，就是室内的装饰物可以随时移动、更换，这些装饰物对室内环境起着重要的装饰作用。一个好的民宿一定是非常注重细节的，民宿主对民宿设计的重视往往体现在细节之处，而这些细节也能给旅客带来舒适、满意的住宿体验。

民宿软装细节应与整个室内、室外环境做到风格和谐、统一。关于细节设计与装饰在本书第三章亦有提及，这里不做赘述。

# ⌂ 一方水土，孕育一方民宿

俗话说："三里不同音，十里不同俗。"具有地方和民族特色的风俗人情是吸引外地游客的重要旅游资源。在具有鲜明的地方文化特色的地域开办民宿，应充分利用地方文化旅游资源优势，打造具有地方和民族特色的民宿，以增加消费者的关注度，拓展客源。

将地方文化融入民宿设计与装饰中，不仅体现在外部建筑风格上，也体现在细节之处，可以在软装细节方面多花些心思。

黄河岸边、背靠沙漠的民宿外观

黄河岸边、背靠沙漠的民宿院内景象

篁岭晒秋民宿

四合院民宿

# 环境与空间设计，营造沉浸式的旅居体验

## 民宿空间美学

空间美学是一种设计美学，也是一种生活美学，具体是通过对空间布局的艺术化处理，实现空间的填充、分割、拓展、交互等，并赋予空间以心理、文化内涵。

民宿主在确定民宿整体设计和对民宿进行细节装饰调整时，应注重对空间美的把握和利用，具体来说应遵循以下基本原则。

协调性与统一性：在同一个空间中，设计元素、物品陈设、装饰品等，应在整体造型、色彩、质感、材料、比例等方面保持协调与统一，以增加空间的秩序性与规律性，避免零散、混搭。

重点与平衡：在多个空间中，要有重点空间；在同一个空间中，要有重点区域，让旅客在进入空间后能通过突出的、有吸引力或影响力的元素知晓观察与感受重点，并明确移动方向、活动动向（即方向引导作用），避免视觉疲劳。此外，不同空间和同一空间内，各设计元素应做到有主有次、动静结合、整体平衡，以给人审美的愉悦感。

简约与留白：民宿设计应避免陈设与装饰的叠加，以免产生视觉与空间感受的压迫感，因此要学会在空间设计中"做减法"，去掉冗余设计。在此基础上，要重视留白，留白是一种非常高级的美，在绘画艺术中留白

带有空间界限感的家具随墙体顺势摆放，将室内空间划分成不同的功能区域

应用得非常多，运用到空间设计中，留白亦能给人无尽的空间和艺术想象，这在空间设计中是非常重要的。

特别值得一提的是，在民宿中，除了室内装修设计，庭院的设计往往最先映入旅客的眼帘，移步换景的民宿庭院将民宿空间设计之美运用到了极致，通过空间的错位、透视、延伸等，将美景与空间艺术完美结合，置身其中，别有一番感受。

线性布局，纵向空间延伸

门边的楼梯将空间向空中延伸，将露天泳池的开放性无限放大

民宿墙壁的留白装饰

错落的布局增加了庭院的层次感

空间的遮挡与透视

# ⌂ 让大自然做民宿空间的延伸

　　开民宿的人都深知民宿周边环境设计是民宿设计的重要组成部分，因此，在民宿设计过程中一定不能忽视这部分内容。

　　为了尽可能地融入周围环境、延伸民宿空间，很多民宿主会选择开放性的阳台、泳池、院落设计，这样的设计可以将民宿的一部分或多个部分向远处、广处延伸，有助于增加民宿空间的深度、广度，能开阔视野，将民宿"镶嵌"到自然中，也让自然为民宿做"陪衬"。

可以沐浴阳光的露天浴池，以天为盖，无限延伸垂直纵深

沙漠野餐，以地为席，广袤无垠

无边泳池，连接天与海，拓展视觉和心理边界

夜晚的庭院，灯光与星光相映，静谧深远

透明的墙和围栏，从室内到室外，再到大自然，自然过渡与延伸

能看到日出的民宿房间，空间的延伸与壮丽的自然现象让人心旷神怡

【漫谈民宿】

## 设计之美，不仅限于美

民宿主参与民宿设计，将巧思、心血融入民宿的一砖一木、一花一草中，追求极致的设计美感，这样的"匠心"精神值得称赞。

但无论是怎样的民宿设计，都不能脱离"宜居"这个根本，因此，所有的设计构思和效果都应该是为优化旅客的居住体验而服务的，感官美非常重要，舒适感也同样重要，甚至后者更重要些。

民宿设计之美，不仅限于美，更要注重在美的基础上充分考虑旅客的居住体验是不是最舒服的，华而不实的设计并不是好的设计。

此外，对于新入行的民宿创办者而言，往往对设计之美的预期很高，一心想要打造出集观赏与居住价值于一体的民宿，进而忽略设计成本的问题。当然并不是说昂贵的设计和建造就一定是美的，但美的民宿必定是需要一定的资金支持的，因此设计与建造成本也是民宿创办者确定民宿品牌定位、设计风格与效果的重要考虑因素。

第三章

情怀与营销，打造精品民宿

俗话说"酒香也怕巷子深"，再精美而富有情怀的民宿在如今这个信息发达的时代里，如果不加以宣传推广，也会淹没在众多的民宿之中。

独特而富有美感的标志，合适的推广平台、营销手段和引流方式，能够打动人心的文案，这些都是民宿营销中需要重点把控的方面。

你只有掌握这些民宿营销的重点，你的民宿才能被更多人注意到，从而吸引更多客源，下面一起来了解这些民宿营销的重点吧！

# 设计标志，让人一见倾心

　　走在外面，当我们看到有创意、有美感的标志时，总是忍不住想多看几眼。在众多漂亮的标志中，与众不同和富有想象力的那些总能很快吸引我们的眼球，触动我们的心弦，让我们对标志背后的品牌、店铺发生兴趣，产生好奇的情绪。

　　可见，为民宿设计一个独特而又能打动人心的标志非常重要，这样才能吸引更多的旅客前来住宿。然而，想要设计出适合、独特而又美观的标志，需要重点考虑以下几个方面。

设计民宿标志需要考虑的方面

## 🏠 在标志中融入情怀

如今，随着网络的发达，很多别具一格的网红民宿开始出现在人们的视野中。从这些网红民宿的标志中，我们通常能够体会到民宿主的生活态度，感受到别样的氛围，激起不同的情绪，这便是标志在设计时融入了情怀的结果。

如果你想要打造富有特色的民宿，那么首先要清楚自己民宿的独特之处，再将这种独特的气质、感觉融入标志之中，让别人第一眼看到标志，就能明确感知到民宿的经营理念和整体风格。

很多民宿会结合其经营理念、地方风格、建筑风格等来设计标志，比如有些标志能够体现江南水乡的温润优雅；有些能够体现古朴的怀旧气息，展现天然、淳朴之美；有些标志将国潮风、民族风融入其中，意境悠远、诗意淡雅；还有些简约、时尚、大气，使人一看便觉得无比舒适、无比愉悦。

## 🏠 元素的巧妙组合与设计

一个标志的主要构成元素有文本、图形、图案等，设计者将这几种元素进行组合，再加以设计，就产生了形形色色的标志。标志的形式各有不同，主要有以下两种。

第一，纯文本形式的标志，即在设计标志时只使用文字元素，这些文字包括民宿的名称、简短的介绍等。在设计时，可以对重要的文字精心设计，比如将文字设计成图案，使用一些独特的艺术字体等；也可以在一个空间中对文字进行排列布局，让其看上去富有设计感；还可以将设计好的文字印在不同质地、颜色、花纹的材料上。总之，因背景不同，标志的效果和所能传达的意境、感觉也就截然不同。

第二，图文结合形式的标志。这是常见的标志设计形式，即将文本和图案组合在一起，在设计的过程中要考虑到协调性、节奏感、色彩搭配等方面的问题。

不同的设计形式，有不同的韵味，你可以根据自己民宿的风格选择合适的形式进行设计。

文本与图案组合的民宿标志

## 色彩搭配与空间布局

民宿的标志要想引起人们的注意，给人们以良好的第一印象，色彩搭配和空间布局也格外重要。

### ◆ 色彩搭配

通常，一个有色彩的标志更能吸引人们的注意，但色彩的使用也不能过于复杂和花哨，力求以最少的色彩传达最深刻和准确的内涵。细致观察你就会发现，很多经典的标志都只使用了一种颜色，或者用一种颜色加黑白两色进行点缀，虽然简单，但往往能给人留下深刻的印象。

如果你想要一款视觉冲击力强烈，并且富有个性的标志，那么使用对比强烈的两种或者三种色彩，将会是很好的选择。此外，不同色彩给人的感受不同（比如红色给人以热情、喜庆、吉祥、温暖等感受），所传达出的理念也会不同，因此要注意选择能够准确传达民宿经营理念、展现民宿整体风格的色彩。

### ◆ 空间布局

合理的空间布局会给人舒适、爽朗的感觉，让人对此印象深刻。那么，要做到这一点，在设计标志时，整体的布局要尽量简洁明快，复杂的图案、文字只会让画面凌乱无序。使用简单的文字、图形、图案，配合巧妙的留白手法，就能设计出又酷又经典的标志。

还要特别注意，标志图文最好以方形形状来布局，尽量避免使用奇特、复杂的布局形式。

避坑指南

民宿标志的设计并不能随心所欲，如果不加考虑和研究就随意地使用一些图文元素，那么很可能会给你的民宿品牌造成一些不必要的损害。

因此，民宿标志设计中一些常见的注意事项还是要提前知晓，以下列出一些常见的民宿标志设计的注意事项。

第一，标志设计要考虑到最终的传播媒介，判断标志的形式是否适合传播。

第二，标志要清晰明确、易于识别，这样才更有利于传播。

第三，作为民宿经营新手，建议尽量不要使用两种以上的颜色和两种以上字体的标志。

第四，不要模仿他人的标志。

第五，避免使用有宗教、政治含义的图形、图案、符号。

# 了解OTA与KOL

如今，民宿营销的方式多种多样，其中不得不提到的有 OTA 与 KOL 营销模式。

## ⌂ OTA营销

### ◆ 什么是OTA

OTA 是 Online Travel Agency 的缩写，意为"在线旅游"，主要指

用户通过网络，在各个旅游类平台的电子商铺中预订旅游产品，然后在网络上或者线下支付费用。民宿主在旅游平台发布预订信息，旅客预约订购民宿入住资格，在这一过程中，民宿的房间就是在网络店铺中售卖的商品。

对于民宿经营者来说，OTA是营销手段，也是联系其与顾客的第三方平台，他们可以通过OTA营销模式在网络上经营自己的民宿，在分析用户需求、市场需求等的基础上，制定一套行之有效的营销策略，吸引更多的旅客前来居住。

OTA所涉及的第三方平台主要有携程旅行、去哪儿旅行、途牛旅游、飞猪旅行、同程旅行、美团、马蜂窝旅游、途家网等，当顾客在这些平台上订购民宿的房间时，民宿就要支付OTA一定的佣金。

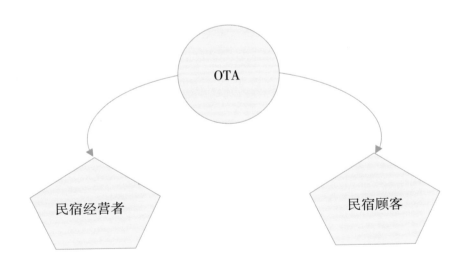

OTA是将民宿经营者与顾客联系起来的重要纽带

### ◆ 民宿 OTA 营销

OTA 营销就是用电脑、手机等在网络上售卖民宿的房间。

要想做好民宿 OTA 营销，首先就要了解顾客的需求，比如干净整洁的房间、便捷的交通、良好的服务、周围的景点、富有地方风格的装修等。

在了解了顾客的需求之后，你就要考虑自己的民宿是否能够真正地满足顾客的需求，在这个过程中尽力去完善不足的地方。

同时，民宿也要尽可能地推出富有特色的服务，这样才能从竞争对手中脱颖而出，被更多的顾客关注到。

当民宿在 OTA 的各个平台销售时，要时时关注顾客的评论，从众多的评价中，你能够了解顾客的需求，了解民宿的长处和不足，然后加以改进，也能在评论区与顾客互动，维护好客源，还能结合图片或视频形式的评论对民宿做进一步的宣传推广。

## ⌂ KOL营销

### ◆ 什么是KOL

KOL 是 Key Opinion Leader 的缩写，意为"意见领袖"，即在某一领域中有影响力和说服力的人物，这些人物在某些方面会对大量的人群产生影响，比如某个领域或活动的发起人、组织者等，这些人都是具有较强影响力的人，他们的言行会影响他们的众多追随者。

## ◆ 民宿 KOL 营销

KOL 营销就是商家请来一些有影响力的人向受众人群推销产品，主要形式有直播、短视频、代言等。

因为 KOL 对某一领域有深入的了解和研究，其本身就拥有一大批的粉丝，如果能够让一个 KOL 认可你的民宿，那么他只要将这种认可传播出去，将会有一大批粉丝认可并购买你的产品。

在民宿营销中，选择 KOL 也要考虑到民宿的整体理念，不能请来一位与民宿经营理念毫不相关的 KOL，这样可能会适得其反，对你的民宿品牌造成不好的影响。

【漫谈民宿】

### "云住店"直播，打造超级民宿IP

如今，直播带货已经成为一种非常重要的营销方式，这种方式适合很多的商品，也适合民宿。

直播带货的流行也给民宿主们带来了非常好的机遇，足不出户，凭借一部联网的智能手机就能向受众宣传自己的民宿，吸引潜在消费群体。

如今，许多与旅游住宿相关的线上平台都开通了直播通道，比如飞猪旅行、马蜂窝旅游、途家网等。其中，马蜂窝旅游在 2020 年 3 月发起的"云住店"民宿直播计划，为很多入驻马蜂窝直播间的民宿主带去了希望。

民宿创建之初，很多人并不能请来 KOL 为其做宣传，因此很多民宿主只能自己踏上网红养成之路，在不断的摸索之中收获粉丝和顾客。

这里需要提醒的是，最开始做直播的民宿主可能不会受到太多人的关注，甚至直播间也不会有人进来，但只要坚持下去，并且掌握技巧（比如，利用中午、傍晚和周末进行直播，这样的时间段里刷直播的人会更多；刚开始直播时可以适当加长直播时间，这样才会有更多的人发现你的直播），终将会吸引更多的粉丝前来。

# 平台推广

## 🏠 认识推广平台

　　推广平台是商家推广产品和服务的中介，也是用户了解商品和服务的中介。当民宿入驻某一推广平台时，民宿的房间便成了一种商品。在平台上，民宿主可以利用平台的资源和推广方式对自己的民宿进行推广。

　　如今，可以为民宿做宣传和推广的网络平台非常多，主要包括百度和一些旅游住宿类平台。旅游住宿类平台主要有携程旅行、去哪儿旅行、途牛旅游、飞猪旅行、同程旅行等。

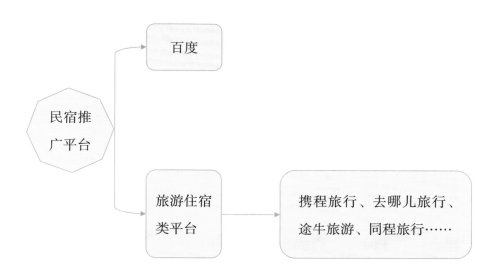

适合民宿推广的平台类别

## 平台推广，各有方式

选择合适的平台、多选几个推广平台都是提高民宿曝光率和吸引客流量的好办法。然而，在选择了合适的平台之后，你也要根据平台的特点，使用恰当的推广方式。

### ◆ 百度平台推广

现在很多人在出门旅行前，都会提前在百度上搜索关键词，以了解要去的景区以及景区周围的民宿、酒店等，最后再在各平台上预订门票或房

间。如果你的民宿能够在搜索引擎中很容易就被搜到，那么获得顾客的关注和信任的可能性也会很大。

在百度中具体怎样推广民宿呢？推荐以下两种方式。

第一，先分析网络上与民宿相关的搜索频率最高的关键词，然后将这些关键词写进自己的宣传文章中。比如大家常搜的关键词有"×××景区／市民宿推荐"，可见地名、景区、民宿都是非常重要的关键词。

×××景区民宿哪家好

百度百科创建词条的步骤

第二，在百度上创建百度百科。创建时，先在百度百科的搜索框中搜索你的民宿名称或者需要展示的词条，如果你的词条没有被创建，那么你可以点击"我来创建"创建词条。在创建词条的过程中，可以将民宿的特点、风格、经营理念等内容写进去。

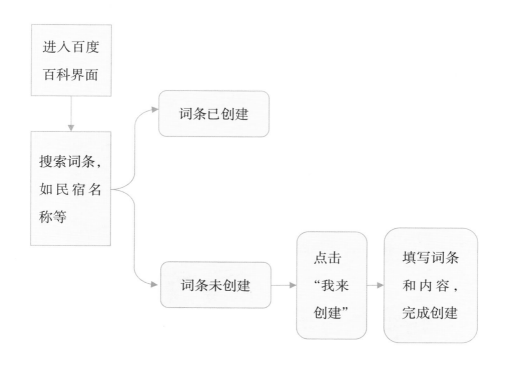

在搜索引擎中搜索关键词

◆ **旅游住宿类平台推广**

前面已经提到的携程旅行、去哪儿旅行、同程旅行等都是旅游住宿类网络平台，在这些网络平台上，用户能够搜索到各个地方的民宿，这为用户了解和订购民宿提供了便利，也为民宿主提供了推广宣传的平台。

入驻旅游住宿类平台本身是对民宿最佳的推广方式，因为现在有很多的人出行、旅游都会在这一类平台上预订民宿房间。

当然，在入驻平台之后，你不能什么也不做，坐等顾客上门，而是要花费心思去运营。首先，你要积极维护店铺，实时更新平台上的宣传文

案、图片等，这样才能吸引更多客源；其次，要及时与顾客沟通互动，不要不回应顾客，这样才能保证客源不流失；最后，要密切关注评论区，做好互动，及时处理差评。

旅游预订平台上的宣传海报

积极维护店铺，实时更新平台上的宣传文案、图片等

及时与顾客沟通互动

密切关注评论区，做好互动，及时处理差评

旅游住宿类平台民宿运营方式

# 自媒体推广

## 🏠 认识自媒体

自媒体是指普通大众在各个网络平台上申请自己的账号，然后在上面发布自己所见、所闻的一种传播手段。

自媒体对于普通大众来说是一种相对自由、个性化、操作简单、传播速度快的传播途径。

自媒体有其优点，也存在一些缺点。比如，自媒体的推广没有过多的权威性和可信度，因此不能为了追求点击率而夸大事实，这样反而会降低民宿的信誉。再比如，利用自媒体推广存在一定的风险，如果运用得不好，可能会对你的民宿品牌造成不良的影响，因此要传播正能量。

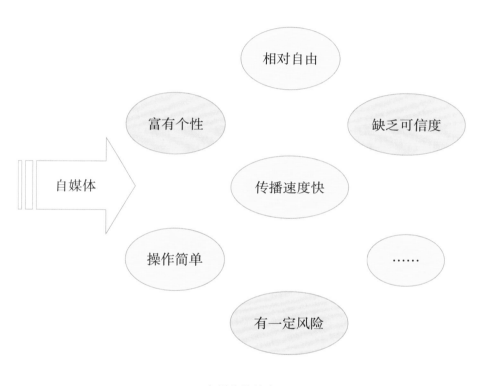

自媒体的特点

## 🏠 创作优质内容，做好自媒体推广

如今是自媒体的时代，人人都可发声，人人都是传播者。只有抓住机遇，选择合适的平台，做更好、更优质的内容，才能吸引更多的人关注。

　　自媒体推广的平台主要有微信公众号、论坛、贴吧、微博以及各类短视频平台等。在不同的平台，适用的推广方式也不同，但总结起来，民宿在自媒体平台的推广方式主要有宣传文章推广、短视频推广、图片推广等方式。

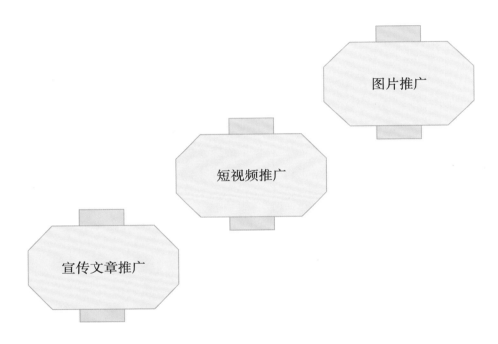

自媒体推广的三种方式

### ◆ 宣传文章推广

　　宣传文章就是软文，是相对于硬性广告而言的一种文字广告。

　　在写宣传文章的时候，应将广告与文字内容完美融合，以求达到潜移默化的宣传效果。如果你要以宣传文章的方式宣传和推广民宿，那么就不能直接描写你的民宿如何舒适、独特，而是要从一个能够引起大众兴趣的话题着手，比如婚姻家庭、娱乐放松等。

在写宣传文章时，还需要特别注意两点：第一，不要做"标题党"，这样很容易拉低你的美誉度；第二，用最简洁的文字表达你想要表达的内容，因为在如今快餐式的文化环境下，很少有人会耐心地看完你的长篇大论，如果文字太长，读者很快就会失去兴趣。

写好的宣传文章需要在网络上被大量地转载才能达到推广的最终目的，这时候，就需要在一些自媒体平台上发布文章。

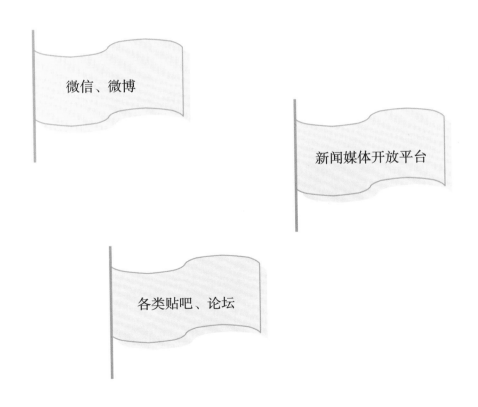

适合发布宣传文章的自媒体平台

◆ **短视频推广**

短视频推广就是指在各种短视频平台（如抖音、快手、西瓜视频等）发布宣传民宿的短视频，吸引短视频平台用户的关注。如今，在空闲时间里选择刷短视频的人越来越多，这意味着短视频已经变成一种非常有效的宣传推广手段。

抖音平台民宿图片推广示意图

快手平台民宿图片推广示意图

　　在各个短视频平台上发布宣传民宿的短视频并不难，但是怎样拍摄抓
人眼球的内容、如何选取拍摄的主题并非一件简单的事情，这需要经过不
断的尝试和摸索，同时要多学习一些拍摄短视频的技巧和方法。只有这
样，才能逐渐进步，拍摄和制作出更能引流的短视频。

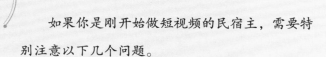

如果你是刚开始做短视频的民宿主，需要特别注意以下几个问题。

第一，不要抄袭其他作者的短视频。这样并不能帮你吸引更多粉丝，反而还会因为涉嫌抄袭而惹上麻烦。

第二，短视频并非发布得越多越好。如果你每一条短视频的阅读量都很少，应该从内容上找原因，而不是盲目增加发布数量。

第三，不要每一条短视频都拍摄同样的内容和场景，呈现有新意的内容更受人们欢迎。

### ◆ 图片推广

图片推广就是将民宿的图片发布在自媒体平台，通过平台将民宿的信息传递给用户。

图片推广与软文、短视频推广有着不相上下的传播速度和传播范围，但图片推广相对来说更加简单、快捷，因为图片拍摄好之后，只要做一些简单的包装，就能在自媒体平台发布。

图片推广的方式和形式多种多样，主要有以下几种：图片配简单的文案，在微博、贴吧、论坛等自媒体平台中发布；图片编辑成短视频的形式，在各类短视频平台中发布；图片配在宣传文章中，便可以随文章一起推广。

需要注意的是，以图片的方式推广民宿时，需要拍摄高质量的图片。拍摄高质量的图片需要掌握以下技巧：第一，拍摄照片时，构图要简洁、明快、大方，同时将民宿内景与外部的景物搭配展示出来；第二，要拍摄一些民宿内部的细节；第三，拍摄图片的色调要温暖、明亮；第四，确定一个主题，拍摄一组图片进行展示，比如灯具。

# 一个好文案，一段好故事

写出一个好文案是宣传和推广民宿最重要的前提条件。而每个好文案的背后，都有一段能够感动人心的好故事。做民宿的宣传文案，就是将你的好故事传递给更多的人。

## ⌂ 如何写民宿宣传文案

能够写出一段好的文案，标志着民宿运营工作已经开了一个好头。那么，好的文案该怎样创作呢？需要注意以下几点要求。

内容生动，有艺术性、文化性

标题要有感召力、吸引力和鼓动性

语言风格要通俗而简练

民宿文案写作重点要求

◆ **标题要有感召力、吸引力和鼓动性**

在宣传文案写作的过程中，首先要确定一个足够吸引人的、具有感召力和鼓动性的标题。那么，怎样编写文案标题，才能更吸引人呢？

一方面，在确定标题的时候，要尝试多从受众关切的话题切入。

另一方面，在编写标题的时候，要多使用具有引导性的语句，比如"如果生活让你感到疲惫，就请回家小住""来这里，与我们一起迎接美好的夏日"等。

### ◆ 内容生动，有艺术性、文化性

对于民宿，很多人内心都有一种美好的向往，因而在做宣传文案时，也要尽量用文字去体现这种美。

首先，在文案的字里行间，要融入民宿的文化韵味，让受众在阅读的时候就能够清晰感觉到民宿的文化氛围，如果这种氛围能够吸引他们，那么你的宣传就起到作用了。

其次，在文案中要加入生动、感人的故事，比如你创建民宿的初衷等，这些内容往往会让受众觉得有趣或者感动，激起他们入住民宿的欲望。

最后，要用文字营造优美的意境，在用词上要有艺术性，这样就能够引起受众对美好和舒适的联想，吸引他们前来住宿。

### ◆ 语言风格要通俗而简练

民宿的宣传文案需要追求语言的艺术性和美感，但也不能因此让语言变得复杂难懂，这样反而会影响宣传效果。

语言通俗易懂、简洁明了是宣传文案的基本特性，简洁且优美的语言才能吸引更多人阅读，从而达到较好的宣传效果。

很多人会觉得，宣传文案写得夸张、丰富一些，会吸引更多人前来消费。但一旦旅客真正前来民宿体验，发现并没有文案中讲得那么好，就会迅速降低旅客对民宿的好感，很可能还会给出一些差评，这对民宿有很严重的负面影响。

民宿文案写作的初衷就是要引导消费，那么其内容就一定要真实、具体和客观。这样做，一方面，消费者的利益得到了应有的保护；另一方面，又能塑造你真诚可信的形象，增强受众对民宿的良好印象，对民宿以后的发展也有好处。

### ⌂ 让受众全面了解你的民宿

一篇好的民宿宣传文案，不仅需要引人注目的标语、简洁优美又流畅的内容，更重要的是要全面展示民宿的相关信息，让受众能够全面地了解你的民宿，这样也更容易吸引受众前来消费。

那么，介绍民宿时，要详细介绍哪些方面才算是全面呢？简单来说就是尽可能地将民宿以及周边相关的一切讲述清楚，比如民宿周边的景点、交通、餐饮店、娱乐场所等，民宿内部的房间风格、布局、设施、住宿人数以及民宿主的性格、爱好等。

民宿文案需要详细介绍的方面

## ◆ 民宿周边介绍

民宿周边的情况一方面要通过标题简要地反映出来，另一方面要在正文中详细地列举出来。

在标题中要讲述周围的著名景点和交通的方便程度。

在正文中最好附上民宿附近的地图，在地图上标注好交通线路以及附近吃喝玩乐的具体地点。同时，将到达民宿以及从民宿到达周边景点的交通线路以文字的形式列出来，在列举的时候要涵盖火车站、机场、公交站、汽车站等。

## ◆ 民宿内部介绍

民宿内部的介绍包括对房间的介绍和对民宿主的介绍。例如，在介绍房间时，第一，要将房间的规格、种类、大小、布局、朝向以及规定的住宿人数描述清楚；第二，要将房间整体的装修风格、设计要点陈述给受众；第三，要详细介绍房间中的配套设施。

当然，民宿主也可以聊一聊自己，如自己创办民宿的初衷和愿望，还可以聊一聊开办民宿过程中发生的逸闻趣事，以便让旅客对民宿产生更大的兴趣。

# 淡季与旺季引流

民宿与旅游业密切相关，因此也存在淡季和旺季之分。但往往是旺季门庭若市，让人忙得焦头烂额；淡季门庭冷清，又让人为民宿的存亡而忧愁不已。然而，只要掌握以下一些淡旺季民宿引流技巧，相信你的民宿也能平衡好淡旺季的客流量问题。

## ⌂ 淡季，也要忙起来

很多民宿主觉得淡季生意惨淡，继续开设民宿将会损失惨重，于是选择暂时歇业。殊不知，淡季正是民宿休养生息、调整规划和维护运营的好时候，在这个时候，也有很多引流的好方法。

降低房间价格，参与平台的打折促销活动

做好必要的推广和宣传工作

利用空闲时间，维护好淡季客源

保养和翻新民宿的房间并以此为宣传点

民宿淡季引流的主要方式

### ◆ 降价是引流的基本方法

当淡季来临时，很多民宿主最先想到的就是用降价促销的方式引流。总体来看，这种方式在刺激消费、吸引客流方面还是能起到一定作用的。但民宿降价也并非随意为之，而是要综合考虑多方面的因素之后才能决定如何降价，这些因素主要有当地的民宿市场、竞争对手的定价、民宿淡旺季的经营状况、民宿本身的价值和定位等。

此外，民宿也可以参加各大推广平台的促销活动，这也是降价的一种方式，而且通过平台的推广和营销，将可能吸引更多的客源。

### ◆ 淡季也要做好推广引流工作

很多人觉得，淡季客流量小，因此连基本的推广和宣传工作都不好好做了，这其实是淡季民宿运营的一大误区。必须充分认识到，正是因为淡季客流量少，才更加应该加大推广的力度，增加推广渠道和平台，保证抓住每一个潜在的旅客。

淡季在推广的过程中，也要及时地更换推广文案和图片等，保证让顾客看到民宿最新的样貌，这样能够增强他们对民宿的好感。

### ◆ 维护好淡季的客源

通常，在淡季选择入住民宿的人都是难得的客源，好好维护这样的客源，长此以往，在淡季里，你可能会获得一批相对固定的住客，因为在这些淡季住客的背后，可能存在着一个兴趣爱好和性格相近的朋友圈。如果他们将你的民宿推荐给朋友，你将在淡季里也赢得不少的旅客。

那么，怎样维护淡季的客源呢？其实最简单的办法就是通过微信以及朋友圈的方式。这就要求你尽可能地添加每一位淡季旅客的微信号，然后在有优惠活动时第一时间发信息给这些人，比如试睡、抽奖等；你也可以在朋友圈中发布精美的图片，然后用抽奖等方式让这些旅客转发。

## ◆ 别让空余的时间荒废了

淡季里，除了组织一些宣传活动或者做一些推广的工作，其实还有很多琐碎的事情需要处理，比如房间的清扫工作、房屋的保养刷新工作等。

淡季的时候，如果民宿的房间或者其他一些设施进行了重装和换新，就可以以此为出发点进行一次宣传，将精美的图片放在各个推广平台上，以吸引新老顾客的关注，这也是一种引流的好办法。

【漫谈民宿】

### 淡季，给客人一个住民宿的理由

为什么很多民宿到淡季之后就经营不下去呢？最主要的原因在于没有一个好的规划，因为这样的民宿即便在旺季，也只注重给旅客提供住宿和食物，或者只注重以房屋漂亮的设计感吸引客流。

殊不知，很多选择住民宿的都是有情怀的人，他们总是期待着能够在民宿中看到一些独特而有意思的元素，而这些元素，恰恰是淡季里吸引客人前去住宿的重要因素。

所以，在淡季时，你要开动脑筋，在好看的房屋设计的基础之上，好好规划一番，给客人们一个住民宿的理由。比如，策划读书会、茶话会、篝火晚会等，吸引有情怀的住客前来，然后在住客游玩之余，组织他们一起聊一些有意思的话题，或者倾听他们讲述自己的故事等；你也可以在民宿中开设美术馆、小酒馆等，吸引附近的住客前来体验。

年轻人在民宿中聊天

除了情怀，很多人还会因为一些优惠活动而住民宿，比如价格优惠的试住活动，在淡季也能吸引很多客流，这些旅客中肯而实在的好评也是民宿宣传和引流的重要方式。

## "冬病夏治"，旺季不松懈

有人会觉得，淡季的时候因为没有客源才要花工夫做宣传和推广，那么在旺季客流量大、入住率高的情况下就不用再费心去宣传推广，只要做好当下的一些工作就可以。其实，这也是民宿运营的一种误区。

这里的"冬病夏治"具体是指要在旺季加大对民宿的宣传推广力度，这样民宿才能被更多的人知道和关注，从而为淡季积累一定的客源。

因此，即便在旺季满员的情况下，做好宣传和推广也是非常有意义的，因为这时候关注旅游、民宿的人最多，在各个平台进行推广，就能保证民宿被更多的人看到。这样的宣传方式会大大降低宣传的成本，同时宣传效果也更好，何乐而不为呢？

# 关注细节，让旅客主动来打卡

如今，各个景区都有很多富有个性的网红民宿，深受旅客们的欢迎。那么，要想从这些民宿中脱颖而出，受到旅客的注意和喜爱，就要从细节入手，创造一些能令人眼前一亮的惊喜，让旅客们为这些惊喜主动前来，不失为一种非常高级的运营方法。

然而，那些能够让人产生浓厚兴趣的细节需要花费心思、认真地去考虑或寻找。以下有两个大致的考虑方向，供你借鉴。

## 观察民宿周边的细节

在观察民宿周边的景物时，要注意一些独特的位置，比如得天独厚的
观赏云海、日出日落或者江河湖海的位置，这时候就可以对这个细节加以

窗外的云海

包装宣传，让其成为大家都喜欢的打卡地点，这样会有越来越多的人慕名前来。

除此之外，民宿距离某个景区近或者能够直接看到某个著名的景点，这些都是可以用来宣传和推广的细节。

## 🏠 在民宿内部创造别样的细节

要想在民宿内部创造出一些别样而吸引人的细节，就要在平时多多注意住客的喜好和情怀。比如有些人特别喜欢有菜园、水池、图书馆或者有小动物的民宿，这些是左右他们选择意愿的因素，那么你就可以按照民宿的实际情况，创造出一些别致的空间，然后以此细节为重点进行宣传，吸引一些有情怀的旅客前来。

此外，在民宿房间内部，客厅、房间的主题装修，甚至是一些独具风格的小设计，比如灯具、门窗、餐桌、沙发、床铺、摆件等都是可以给旅客带来惊喜的细节，你可以将这些细节拍成精美的图片进行宣传和推广。

独具特色的民宿内部细节展示

第四章

有温度，才专业，民宿入住服务

好的服务，要用心，也要用情。

用心，就是尽量为顾客考虑，及时、精准地为顾客提供服务和解决问题，让顾客感到便捷、顺心，也让他们觉得被尊重、被重视。

用情，就是在服务中投入情感和善意，温暖每一位顾客的心，让消费变成一件开心的事情。

民宿作为一种有情怀的个性化住宿场所，更加需要提供如此专业和有温度的服务，让入住的每一位旅客都能安心、舒心、开心、放心。

# 管家服务

民宿管家服务是民宿服务中非常重要的一部分，管家可以提供给旅客的服务可以说是方方面面的，其职责也不仅仅是针对旅客，民宿内部的相关事务也需要管家的管理和处理。

## 民宿管家的职责

民宿如果要想给旅客提供更好的服务，让旅客拥有更好的入住体验，那么一位有经验、有情怀和有耐心的管家就必不可少。总体来看，管家是

统筹民宿各项服务的人，其主要职责是为顾客提供服务、管理内部服务人员以及与外部相关部门、人员进行沟通。

民宿管家的主要职责

### ◆ 为旅客提供服务

民宿管家最核心的工作是跟旅客沟通交流，为他们提供各种服务，以下列举一些民宿管家的主要工作内容。

第一，配合同事接待旅客，为旅客办理入住、登记、退房等服务，在这个过程中要热情地问候旅客，耐心地讲解入住的相关信息。

第二，尽量满足旅客的各种合理需求，比如情侣或者新婚夫妻住宿可能会提出将房间布置得浪漫一些的要求，这时候管家可以让客房服务人员尽量满足旅客的这种需求。

第三，及时且妥善处理旅客的投诉，尽力解决旅客遇到的所有问题。

第四，旅客入住前，检查房间中所有基础设施，确保其稳定和安全。

第五，为旅客准备日常的餐饮，比如提供早中晚餐的菜单以及下午茶。

第六，关注旅客入住期间的所有细节，确保旅客住得满意、舒适、放心。

第七，当一些都安置妥当之后，要及时地对一天或者一个时段内的工作做详细的记录，以便综合评估。

整理客房的民宿管家

第八，在空闲的时间里，与客人聊天，介绍民宿周边的风景以及当地的风土人情等。

## ◆ 管理内部服务人员

一般情况下，一家民宿内的工作人员不仅有民宿管家，还有其他服务人员。

民宿管家在做好自己工作的同时，还要及时地与其他服务人员沟通协调，督促其他服务人员做好相关工作。比如，民宿管家要督促清洁人员做好民宿房间的清洁工作，包括有没有及时清洁旅客的房间，有没有检查房间的安全隐患等；民宿管家要与餐饮服务人员沟通，为旅客提供他们需要的餐食；民宿管家还要与采购人员沟通，使其及时采购民宿中需要的食材、物品等。

## ◆ 与其他相关人员沟通

民宿管家日常除了督促内部服务人员，与其就工作内容以及民宿运营相关事务进行沟通协调，还要与民宿的其他相关人员沟通协调，以保证民宿能够更好、更顺畅地运营。这些人包括民宿主、房东、水电部门工作人员等。

与民宿主沟通，主要是汇报旅客入住等方方面面的情况；而与房东沟通，则主要涉及与房屋相关的问题。

为保证民宿房间中基础设施的正常使用，管家还需要定期督促相关负责人员或工作人员进行检查、维修。

【漫谈民宿】

**推行精益服务，给旅客愉快的旅居体验**

所谓精益服务，是指服务系统通过变革系统结构、人员组织、运行方式等来适应客户需求，以最简洁、精准和能够产生最好效果的方式服务客户，尽力为客户提供他们真正需要的东西。

精益服务应用在民宿中，需要做到以下两点。

第一，当旅客遇到问题的时候，直接找寻问题的根源，以最快的速度彻底解决问题。切忌因为一些不灵活的规则和程序而浪费旅客的时间，正确的做法是尽快解决问题。

第二，精确地为旅客提供其所需要的服务，包括服务的种类，需要提供服务的时间、地点等。

## 提升自我，才能做好管家服务

民宿管家是一个需要在职者有耐心、会沟通、文化知识储备丰富、服务技能一流的职位。因此，要做好民宿管家，需要时刻记得提升自身各方面的素质。

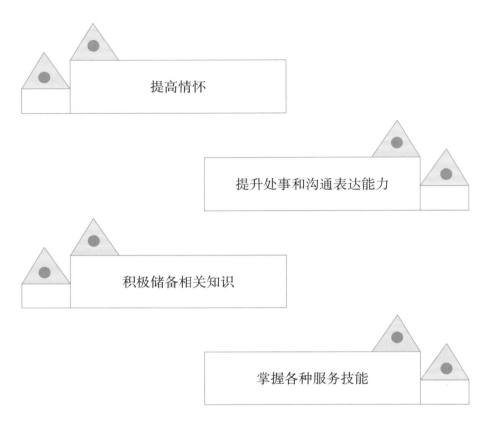

提高情怀

提升处事和沟通表达能力

积极储备相关知识

掌握各种服务技能

民宿管家自我提升的方法

◆ **提高情怀**

情怀，是一名优秀的民宿管家所需要的，只有有情怀的民宿管家，在为旅客服务的时候，才能让旅客感受到温暖、安心，让他们真正感觉到如同回家一般，产生亲切感和愉快的心情。

管家要提高情怀，首先，在日常生活中要注意锻炼共情能力，多为他人考虑。这样，当面对旅客的时候，才能够从旅客的角度出发，感知和体

尊重情怀，营造氛围感与仪式感

察其情感、需求，提供有针对性的服务。其次，在平时为旅客服务的时候要非常有礼貌，带着善意去和他们沟通。

### ◆ 提升处事和沟通表达能力

民宿管家服务旅客时，一方面要与旅客进行沟通，另一方面要尽可能地解决旅客遇到的各种问题。因此，管家需要提升自身的沟通、表达和处

事能力。

### 处事能力

处事能力就是处理事情的能力。民宿管家一般要管理很多事情，所以需要较强的解决问题和处理事情的能力。

在事务繁多和琐碎的情况下，民宿管家首先需要提升自己的记忆力，或者可以找到一些记忆方法，这样才能记住更多的信息，为旅客提供及时的解答和帮助。此外，还要有灵活的应变力，这样在遇到一些突发情况时才能及时、有效和妥善地处理。

### 沟通和表达能力

当管家的沟通能力得以提升，在与旅客沟通时就能敏感地捕捉到对方话语中的重要内容，预知和体察到他们迫切的需求，提供让旅客感到满意的服务。此外，良好的沟通能力还能使管家在与旅客的聊天中快速找到旅客感兴趣的话题，这样展开聊天，会让旅客觉得他们被理解和尊重，从而产生良好的沟通体验。

如果民宿管家有较好的表达能力，那么在与旅客交流时既能有效了解旅客的需求，又能有效传达自己的服务内容和为旅客解决问题的方法等，实现高效的沟通。

### ◆ 积极储备相关知识

民宿管家接待的旅客通常是来自世界各地的人，他们的职业、文化水平、兴趣爱好以及习惯等都不相同，相应地也会产生各种不同的个性化需求。因此，民宿如果想要给予每一位旅客优质到位的服务，管家在平时应积累大量的知识。这些知识主要可分为文化知识、民宿相关知识等。

民宿管家需要积累的知识

### 文化知识

文化知识包括的内容非常广泛，比如中国文化知识、世界文化知识、不同学科的知识等。与民宿普通员工相比，民宿管家更要积极地学习各种文化知识，扩展自己的视野，提升自身的素养，这样才能与不同的旅客进行有效的沟通交流，从而为他们提供更好的服务。

### 民宿相关知识

民宿相关知识就是与民宿相关的信息，包括民宿本身的文化理念、特色、服务项目、服务设施的分布等。民宿周边的旅游景点、交通、文娱场所、自然气候等；民宿当地的人文历史、民俗文化、习俗礼仪等。

### ◆ 掌握各种服务技能

民宿管家需要掌握的服务技能包括基础的服务技能、个性化的服务

技能。

　　基础的服务技能是民宿管家必须掌握的，比如处理旅客的房间预订、预约的技能，为旅客制订旅游线路、安排接送车辆、预订门票以及导游的技能。

　　个性化服务技能也是民宿管家需要掌握的技能，即灵活对接每一位性格、爱好等不同的旅客的技能，因此管家需要具备一些特长，比如烹饪、咖啡调制、绘画、摄影、手工、主持等。

布置露台的民宿管家

在一家民宿中，有一名处事能力和应变力极强的管家，虽然能够避免很多意外的问题，但管家也有分身乏术之时，也可能导致意外情况的发生。因此，民宿需要制定一些必要的规则、守则和入住指南等，以加强民宿的管理。而作为一名合格的民宿管家，也应该想到这一点。

因为旅客在入住民宿期间主要会遇到的就是房间中的各种问题，所以管家可以和民宿主以及其他服务人员商讨制定相关的房间使用指南。比如向旅客说明房间中各种设施设备的使用方法、规定，为客人标注好房间的紧急出口路线，提供紧急联系电话等。

这样做，一方面能够减轻管家服务的负担和避免意外的发生，另一方面也能为旅客提供更多便捷。

# 对客服务

当旅客确定入住民宿开始，服务人员就要开始做对旅客进行服务工作，服务内容包括旅客到店前的准备工作和旅客到店后、入住期间以及退房时的服务。

## 🏠 提前准备，收获好印象

当旅客进入民宿，很快就能注意到的是民宿内部整体的装修风格、空间环境，而好的环境和富有特色的布局通常能给其留下良好的第一印象，让其对民宿产生好感，而这些都需要提前准备。

### ◆ 布置民宿公共空间

在每天接待旅客之前，民宿服务人员应该查看民宿中各个空间的卫生以及物品、家具摆放情况，保证内部环境的整洁、舒适。然后再根据具体的需要布置民宿公共空间。

民宿公共空间的布置，要尽量通过细节的设置来展现民宿的情怀、文化和经营理念等，比如庭院、前台、客厅、接待室等公共区域可以使用一些独特的元素进行布置，营造能够使旅客眼前一亮的景色。

别具一格的民宿公共区域

◆ **布置旅客客房**

布置客房时，需要按照旅客的要求进行布置，比如有些旅客明确表示想要在客房中撒上花瓣，插上美丽的花卉，那么客房服务人员就要尽量按照这种要求去布置房间。

对于客房的布置，在旅客没有提出任何要求的情况下，民宿服务人员在征得旅客同意之后，也可以根据旅客提供的一些信息（比如旅客的喜好等）来稍加布置，给旅客制造惊喜。这样做，会让旅客感觉到自己被尊重、重视，从而对民宿产生好印象，对服务人员产生信任感。比如，有些旅客在订购民宿的时候表示自己喜欢浪漫和梦幻一点的环境，那么服务人员就可以针对这个需求来布置；再比如，有些旅客会表示自己喜欢鲜花，那么服务人员就可以在他订购的房间中布置漂亮的鲜花。

不同风格的房间布置

# 抵店服务，需贴心周到

当顾客抵达民宿或所在地时，具体的对客服务便要逐步展开，包括接待服务、入住服务等。

## ◆ 接待服务

接待服务是当旅客抵达民宿所在地时就应该展开的对接服务项目，包括接客服务、迎客服务等。

接客服务是在旅客抵达民宿所在地，并且需要人员接送的情况下产生的服务。迎客服务是指旅客已经到店，服务人员出门迎接的服务。

做接待服务时，对客服务人员与旅客第一次见面，应该注意着装得体，见面后要面带微笑地向顾客打招呼，同时要用满含善意与温情的眼神注视旅客并与其交谈。看到旅客携带行李箱，要主动帮忙去拿。

## ◆ 入住服务

入住服务是指前台为旅客办理入住的服务，在这个过程中，服务人员需要登记旅客的信息。为了节省旅客的时间，前台服务人员可以提前准备好旅客在网络上提交的材料，当旅客到店后确认身份就可以快速地填写，登记好之后，旅客就可以拿房卡直接去休息。

## 🏠 住宿期间服务

旅客在住宿期间，民宿需要提供的服务主要有介绍服务、生活服务、游览服务以及根据旅客需求提供的其他服务。

### ◆ 介绍服务

介绍服务包括介绍民宿服务、民宿本身及其周边环境。

大多数旅客都是新客，对入住期间民宿的相关服务并不清楚，需要民宿服务人员为旅客介绍民宿的服务项目。

旅客选择入住民宿而非快捷酒店，大多数的原因是喜爱民宿的建筑、文化、情怀等，入住后他们通常都希望能够更多地了解民宿，因此民宿服务人员需要为旅客提供介绍民宿的服务。介绍民宿的内容主要包括民宿的文化、主题、建筑与装修特征、经营理念以及起源和发展的过程等。

介绍民宿周边环境就是为旅客介绍民宿周边的文娱场所、旅游景点等，同时为旅客推荐和介绍合适的旅游路线。

### ◆ 生活服务

旅客入住民宿，也要进行正常的生活。因此，服务人员要为旅客提供基本的生活服务，比如提供热水、准备餐饭等。

服务人员为旅客提供介绍服务

## ◆ 游览服务

入住民宿的旅客一般都是自助旅游，他们在出发前通常都有简要的规划，但对当地的旅游景点、线路并不是特别熟悉，民宿服务人员就需要为旅客提供游览服务，帮助旅客规划详细的旅游路线，在旅客需要的情况下可以为旅客做导游，带领旅客游览当地景点。

旅客在民宿住宿期间，会有许多相关的需求，而服务人员需要根据这些需求及时准确地为客人提供服务，这是对客服务中非常重要的一点。

在对客服务的过程中，服务人员一方面要用心聆听旅客的需求，另一方面要细心地观察旅客，预测旅客的需求，以便为旅客提供合适的服务，提升旅客入住民宿的愉悦度。

【漫谈民宿】

## 民宿服务人员如何预测旅客的需求

预测旅客的需求，其实是通过一定的方式，发现旅客没有说出来的需求。这需要民宿服务人员有非常敏锐的洞察力，能够从旅客的情绪、表情、动作中体察其真正的需求，但也需要掌握一些方法。

用心且仔细地观察旅客是准确和及时预测旅客需求的关键方法。比如，当你在与旅客交谈的过程中发现其眼神涣散、无精打采，那么这时候他可能需要的并不是与你促膝长谈，而是好好地睡一觉或者喝一杯咖啡。再比如，当你看到一位满头大汗的旅客拎着一包东西进门了，就不难预测，他需要有人帮他提一下东西。

有时候，当你发现了旅客有某类需求但不确定其具体的需求时，也不能贸然地为其提供某种服务，而是需要进行一些恰当的提问，然后再为其提供服务。比如，当你觉得旅客比较劳累的时候，可以问他是不是需要一杯咖啡，而他可能会说需要一杯热茶或者想去休息一下。如此，你既能为旅客提供精确的服务，又能让旅客内心感到温暖，对民宿的服务产生良好的印象。

## ⌂ 退房服务，不可怠慢

当旅客离店退房时，民宿服务人员需要为其提供退房相关服务，包括结账服务、查房服务、送客服务等。

结账服务是指为旅客办理退房相关手续，包括核对信息、账单以及结账和递呈发票等。

查房服务是在旅客办理退房的同时进行，一方面查找相关问题，另一方面查看旅客是否有遗忘在房中的物品，以便及时做出处理。

送客服务是要主动了解旅客的去向，并且安排相关服务人员帮忙拿行李，找送客的车辆等。

# 客房清洁

客房清洁是旅客退房之后需要进行的一项服务，是民宿服务中基本却也非常重要的服务项目，因为这直接关系着后面旅客住宿的舒适度和安心度，也关系着民宿的声誉。客房清洁过程中有很多流程，下面具体来了解一下。

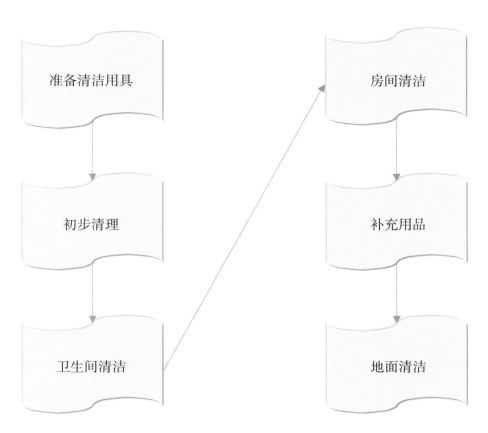

客房清洁流程

## 🏠 准备清洁用具

民宿客房的清洁服务人员在清洁房间之前，需要准备相对全面的清洁用具，这样才能真正地做好清洁工作。

民宿客房清洁常用的工具主要有清洁篮、榨水车、全能清洁剂与各

种专用清洁剂、各种抹布、百洁布、除尘掸子、地板铲刀、玻璃铲刀、地毯刷、马桶刷、浴缸刷、拖把、扫把、垃圾铲、垃圾袋、手套、杂物夹等。

## 🏠 初步清理

清洁人员进入需要清理的房间，先戴好手套、打开窗户通风，随后检查一下房间中需要被清理的物品，比如饮料瓶、易拉罐、用过的牙膏牙刷、书本、耳机、纸条等。如果需要清理的物品中有不确定是否有用的遗留物品，要保管好交给民宿管家或前台，其他物品全部收拾到垃圾袋中，随后将客房和卫生间垃圾桶里的垃圾收拾到垃圾袋里。

收拾好垃圾之后，撤掉客房中的床单、被罩、枕套，卫生间中的面巾、浴巾等，将它们统一收纳在一个专用的袋子里。然后，用除尘掸子将床铺清扫一遍后换上干净的床单、被罩、枕套。

## 🏠 卫生间清洁

卫生间一般比较潮湿，打扫前先打开换气扇换气，如果有窗户也可以打开窗户通风。

卫生间需要清洁的部分有马桶、洗漱台、镜面、墙面等。

清理马桶时可用全能清洁剂和马桶刷来清理内部，内部清理好之后冲水，再用各种专用的抹布配合清洁剂将马桶外部以及马桶盖擦拭干净，随后盖好马桶盖。

清洁洗漱台时，先用除锈剂、清洁剂、抹布等清洁水龙头，之后再用清洁刷和放了清洁剂的水刷清洗洗手池，将污渍冲刷干净之后，用干抹布擦干洗手台和水龙头。

镜面用玻璃清洁剂和镜布清洗，清洗掉污渍之后用干镜布擦干镜面。

卫生间墙面可以用蘸取了清洁剂的抹布擦拭，擦拭干净后再用没有清洁剂的湿抹布擦拭，最后用干抹布擦干。

清洁卫生间洗手台

## ⌂ 房间清洁

　　房间清洁主要分为清扫、擦拭、洗刷等过程。

　　清扫主要是指清扫房间中容易落灰尘但不好擦拭的部分，比如窗帘、装饰挂画、挂件、摆件、书架、置物架、衣柜上部、沙发、床铺等。

　　擦拭主要是指用干净的湿抹布擦拭房间中的桌子、床头柜、衣柜、窗台、灯罩、门等，用玻璃清洁剂和擦玻璃机器或玻璃抹布擦拭玻璃。

　　洗刷主要指清洗或者刷洗房间中的杯具、烧水壶、烟灰缸、花瓶以及各种可以洗刷的摆件等。在洗刷杯具、热水壶等物品时，注意一定要做消毒处理。

## ⌂ 补充用品

　　房间整体清洁完毕后，就要补充房间中的日用品，比如喝水的杯子、矿泉水、洗发露、沐浴露、浴帽、浴巾、面巾、卫生纸等，保证所补充的物品都是崭新的或者干净的。在补充物品的过程中，要注意将物品摆放到应有的位置，并且摆放整齐。

# ⌂ 地面清洁

清洁地面时，先用扫帚轻轻扫一遍卫生间和房间的地面；然后用加了清洁剂或洗衣粉的清水淘洗拖把，从内到外拖一遍地；最后用清水淘洗干净的拖把由内到外将地面整体再拖几遍，直到地面干净为止。

如若在拖地的时候发现有拖不干净的污渍，可以使用地板铲刀或清洁剂进行局部清理。

当房间清洁完毕之后，清洁人员要再仔细地环视一遍房间，确保房间干净整洁、物品摆放整齐恰当，最后关门离开。

地面清洁

干净整洁的民宿客房

　　民宿客房清洁人员虽然不会跟旅客直接接触，但在清洁服务中也要多多考虑旅客的感受，对一些容易伤害旅客的事项要尤其注意，这样才不会损坏民宿的声誉。

　　第一，进门核实房态。民宿客房对于旅客来说是一个相对私密的空间，如果民宿清洁人员在清理过程中不核实房态就贸然进入，如若旅客还在房间就会非常失礼。因此，清洁人员在进房打扫卫生之前，一定要先用指关节轻叩房门三下，并表明自己是清洁人员的身份，获得旅客允许后再进房间做清洁工作，或者与旅客确认房中无人时刷房卡开门打扫卫生。

第二，仔细检查房间。仔细检查房间是为确保房间中的各项设备完好，这与旅客的人身安全、入住体验等都密切相关。房间清洁过程中，需要仔细检查的内容有插线板、电视等电子设备是否能正常使用，马桶、浴缸和地漏下水是否堵塞等。

# 特色活动举办

　　民宿本是一种追求个性化的非标准住宿场所，设计和举办一些富有特色的活动会让民宿的个性化特征更加突出，从而更好地服务每一位有情怀的旅客。

## 🏠 民宿内部特色活动举办

　　民宿内部的特色活动，可以按照民宿的主题风格来设计，民宿主也可以按照自己的喜好组织一些独特的活动，并在设计中恰当地与民宿的公共空间结合起来进行构想。

### ◆ 抓住主题，设计特色活动

独特的主题是民宿得以立足于众多民宿之中的核心和重点。因此，每个民宿通常都有自己的主题，比如常见的主题有工业风、田园风、民族风、中式风等。

民宿内的茶室

在工业风的民宿中可以开辟出酒吧、咖啡馆、图书馆等独特的空间，设计品酒、咖啡厅闲聊、读书等活动，吸引有兴趣的旅客参加。

在田园风的民宿中，可以开辟农家厨房、花园、小动物喂养等空间，设计厨艺比赛、园艺设计、投喂小动物等活动，让旅客体验无忧无虑的乡村生活。

在民族风的民宿中，可以设置富有民族风格的独立公共空间，用于举办一些制作民族特色的手工艺品的活动，比如编织、刺绣、布艺、木艺、陶艺等。

在中式风的民宿中，可以设置茶室、书画室等空间，设计一些与茶艺、中国画和书法等相关的活动，让旅客在旅游之余也能怡情悦性，体验中国传统文化。

## ◆ 展现情怀，民宿主设计特色活动

民宿主选择开民宿，其内心通常都有热爱和向往的东西，通过在民宿中举办特色活动，将这种情怀、兴趣带给更多有相同喜好的人，也是很多民宿主都乐于去做的事情。如果民宿主爱好写作，那么在民宿中举办谈话活动，既能够为擅于表达、喜爱表达的旅客提供机会，也可以在这样的活动过程中搜集更多的写作素材。如果民宿主喜爱摄影，那么可以在民宿中开辟出一个展览厅，展出自己的摄影作品，与喜爱摄影的旅客共同探讨。如果民宿主喜爱跳舞，那么可以在民宿中设置一个舞厅，经常举办舞会，吸引热爱舞蹈的旅客前去体验。

# 民宿周边特色活动举办

民宿可以根据民宿主题和民宿主喜好设计特色活动，也可以结合民宿周边的资源，将当地的生产生活与民宿的经营融合起来，开拓有趣又有益的特色活动，为旅客打造体验式住宿。

民宿所在的周边一般都有自然风景、乡村资源、工业资源、民俗文化等，利用好这些资源，就能为旅客创造一些别具特色的活动。比如，依托乡村资源建立的民宿可以举办水果采摘活动、观光乡村菜园果园活动、茶园采茶制茶喝茶活动等。依托当地民俗文化而建立的民宿可以举办向当地手工艺师傅学做工艺品、向当地人学唱山歌的活动，也可以举办篝火晚会、出海打鱼或上山采野菜的活动等。

# 贴心的个性化服务

贴心、周到和个性化是民宿服务的典型特征，正因为有这样的服务，才会让人们觉得民宿是有温情的、像家一般的住宿场所，也才会让很多人都对民宿的住宿经历念念不忘。

## 认识个性化服务

个性化服务是相对于标准化服务而言的。传统的标准化和规范化服务是针对大多数人的服务，而个性化服务所针对的是作为个体的用户，是一种根据某个用户的需求，直接或主动地满足其合理的个性化需求的服务。

个性化服务以具体的个人为中心。一方面，服务人员要尽力满足其合理需求；另一方面，服务人员还要主动发现客人的需求并提供服务。因此，个性化服务也是一种富有人情味和人性化的服务。

在民宿相关的服务中，大多数旅客都能够看到和享受到的服务属于标准化的服务，比如入住登记、接听预订和预约电话、清洁房间、接待等。而一些具体的个性化服务并非统一标准，但入住民宿的大多数旅客或多或少都能够享受得到。可见，民宿中的个性化服务是一种非常灵活的服务形式，它甚至被融合在各种标准化的服务之中，随时、随地以各种不同的形式为旅客服务。比如，负责客房清理的服务人员帮助旅客缝衣服，负责登记的服务人员为旅客拿行李等。

帮助旅客查询、咨询、预订

## ⌂ 把握契机，实现个性化服务

相对于标准化的基础服务，个性化服务有更多的灵活性和自由性。但正是因为其有这样的特征，要想实现更多的个性化服务，除了满足旅客明确表达的需求之外，还需要服务人员敏锐地发现那些没有被明确表达的需求，然后把握好这些契机，实现个性化服务。

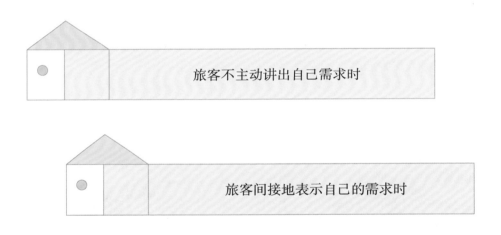

旅客不主动讲出自己需求时

旅客间接地表示自己的需求时

实现个性化服务的契机

### ◆ 旅客不主动讲出自己需求时

有时候，旅客在住宿期间会有一些不愿意说出口的需求，比如想让服务人员帮忙拿东西，对服务人员谈话的内容并不感兴趣，不适应客房中冰冷的马桶圈等。遇到这样的情况，如果服务人员足够敏锐和灵活，就能发现旅客的这种需求，然后为其提供个性化服务。

### ◆ 旅客间接地表示自己的需求时

有些旅客在平时的谈话中会间接地表达自己的某些需求，但并不会明确告诉服务人员其具体的需求，这时候服务人员要非常敏感地捕捉到这些信息，并针对这些信息为旅客提供个性化服务。

比如，某位旅客在与服务人员的谈话中表示想要带一些当地的特产给亲人朋友，但不知道如何选择。此时他可能也没有想到要让服务人员帮忙采购，但足够敏锐的服务人员这时就会为旅客推荐一些当地特产，并且将购买特产的地点、品牌等详细信息告知旅客，或者找专门的人员帮助旅客采购。

## ⌂ 采取措施，提升个性化服务

### ◆ 设置员工奖励制度

民宿能够保持并做好个性化服务，要归功于民宿管理人员和服务人员的尽职尽责，但付出后有回报才会使人内心平衡，所以民宿管理者不能只是一味地要求员工将服务做到极致，而对他们的付出不做任何回报。

针对服务人员的付出，民宿管理者可以制定适当的奖励制度，这样一

方面能够激励员工，使其保持良好的工作状态，另一方面也能提升其工作积极性和热情，将民宿个性化服务做得更好。

### ◆ 提升服务人员素质

为了更好、更精准地服务每一位旅客，提升民宿的个性化服务，民宿服务人员需要不断提升自身素质，掌握更多相关知识和能力。针对这种需求，一方面，民宿管理人员可以督促员工，让其平时自觉地学习相关知识和提升相关能力；另一方面，民宿内部可以组织定期的培训，这也有利于服务人员提升各方面的能力，加强相关知识的学习。

个性化的服务在民宿服务中非常重要，但在推行个性化服务的时候也要注意避免过于复杂和烦琐，也不能为体现个性化而推出一些不必要的服务，这样一方面会大大增加民宿的服务成本，另一方面也可能会让旅客感到不舒服甚至反感。

比如，民宿服务人员常常会根据旅客提供的资料预测其需求，从而为其提供个性化服务，但不能因为想要给旅客提供个性化服务而让旅客填写或提交过于详细和全面的信息，这样反而增加旅客的负担和忧虑，违背了个性化服务的本质。

从一定程度上讲，过于分散、频繁的个性化服务也是没有必要的，因为旅客对个性化服务的需求是有限的，并非所有的个性化服务都适合他们。

# 做好"云"服务

网络平台的用户在变成民宿住客的过程中，需要在网络上进行一系列预订或预约的流程，于是便产生了一系列相关的服务，这就是"云"服务。

民宿的线上"云"服务与其他线下服务一样，也要做到贴心、热情和耐心，让旅客在网络上办理预约的过程更省心、便捷。

# 处理预订，基础的"云"服务

预订就是旅客在网络平台上提前预约订购民宿房间，与民宿达成一种合约的关系。在旅客预订房间的过程中，前台服务人员既要确保旅客能够及时地得到回应，还要做好基础的接受、拒绝、核实、确认、变更或者取消预订的服务。而做好这些，是民宿做好"云"服务的基础。

民宿"云"服务处理房间预订的服务类型

## ◆ 接受和拒绝预订

当旅客在线上预订房间时，民宿前台服务人员要核查空房情况，如有空房，就要接受旅客的订单，并将相关内容填写清楚。如若民宿已经没

有空房，需要及时且如实地告知旅客并拒绝接受预订，以免耽误旅客的时间。

### ◆ 确认和核实预订

在接受了旅客的预订之后，前台服务人员还要做进一步的核实工作。需确认和核实的内容主要有旅客的姓名、电话等个人信息以及对旅客的相关需求是否理解清楚等。在核实相关信息和具体情况的同时，服务人员还需告知旅客房间的价格、付款方式、取消和变更预订等相关规定。

### ◆ 取消预订

在旅客还未抵店之前，常常会有一些因不可预估的事情导致需要退订房间的情况，这时候前台服务人员也要很真诚地为旅客服务，帮其取消订单。取消订单后要在线上将客房的信息重新上传和更新，并告知其他服务人员，以免给民宿造成损失。如果旅客提前在线上支付了房费或者订金，也要按照规则妥善退款。

### ◆ 变更预订

在旅客还未抵店之前，常常也会出现需要变更入住日期、人数、房间类型以及需求等的情况。在这种情况下，前台服务人员要及时查看旅客的预订记录，再确认民宿客房预订的情况，综合分析是否能够满足旅客的变更要求，如果能够满足则为旅客变更预订，如果民宿当前情况不能满足旅客的需求，需要真诚地与旅客协商解决。

不同风格的民宿前台

## ⌂ 网站运营，"云"服务的重点

　　网站运营是指通过线上的运作、维护和经营，使网站向用户呈现全面和全新的信息，以提升服务用户的效率。

　　网站运营是民宿"云"服务的重点，也是民宿吸引旅客预订房间的重要方式之一，即及时地为旅客展现民宿内部及周边的最新情况，让其安心、放心地预订房间。

　　民宿的网站运营内容主要有及时更新民宿信息、图片等。

　　更新民宿信息包括更新房间的空余数量、价格以及民宿中推出的特色活动、节假日优惠信息、来往民宿以及周边景区的交通线路等。

　　更新图片，即将民宿及其周边当下最新的面貌以图片的形式及时呈现给旅客，包括房间布置图片、节庆（特色）活动图片、周边景色变化图片等。

# 其他服务

在民宿中，除了上文讲到的服务类型之外，还有一些其他的相关服务，比如餐饮服务、购物服务、应对紧急情况服务等，也是非常重要的服务项目。

## 🏠 餐饮服务

人们常说"民以食为天"，餐食的好坏对怀着美好心情入住民宿和出门旅游的旅客来说与客房质量的高低同样重要。因此，餐饮服务也是民宿

服务中非常重要的一项，其服务的品质和水平会直接影响民宿的口碑。

民宿餐饮服务主要有早餐、中餐、晚餐、下午茶、夜宵等内容。

民宿餐饮服务中需要注意的方面有以下几点。

第一，要注意食材的安全性和新鲜程度，这既是对民宿声誉的考虑，也是为旅客饮食安全着想。

第二，民宿菜品既要注重融入本地特色，也要为旅客提供与民宿主题相契合的菜品，这样既能让旅客体验到当地的饮食文化，也能从餐饮中感

独特的民宿餐饮

受到民宿的文化氛围，从而对民宿产生良好的印象。

第三，民宿餐饮也要有自己独特的特色和风味，这样才能体现个性化。

## 购物服务

很多旅客在入住民宿期间，除了需要基本的如住宿、旅行、餐饮等各方面的服务之外，还希望民宿能够推出购物的相关服务。民宿要推出购物服务，首先需要在民宿内部设置购物超市、商店等，商店或超市售卖的物品可以是日用品、旅游纪念品或者民宿富有文化韵味的衍生品等。

此外，民宿还可以推出为旅客采买当地特产的服务，这是一种个性化的服务，也可归入购物服务之中。

## 应对紧急情况服务

旅客在旅途中通常都会遇到各种各样的紧急情况，比如半路堵车、突发感冒或肠胃炎、下雨天出门未带伞、孩子生病需要送医等。

当旅客遇到突发性情况时，民宿的服务人员针对这些情况提供的服务就是应对紧急情况服务。这样的服务是旅客尤其需要的，也是民宿应该推行的，因为这种服务一方面能够给予旅客最需要的帮助，另一方面还能提升民宿整体的服务质量，获得良好的口碑。

第五章

众人拾柴火焰高，民宿员工管理

民宿提供的各项服务是需要具体的工作人员来完成的，而且有很多服务可能需要多人协作完成。同时，民宿的完善和发展仅依靠个人是不现实的，其离不开全体员工的付出和努力，所以凝聚民宿员工的集体力量，并对他们进行合理管理，就显得十分重要。

　　如何有效管理民宿是个值得思考的问题。首先，要明白团队的强大力量，并进行团队建设；其次，要进行科学管理，同时对员工进行培训和激励，不断提升员工的能力和素质；最后，要吸取成功者的管理经验，不断自我提升和完善。只有做到这些，民宿的管理才会越来越规范，才能发展得越来越好。

# 一人行快，众人行远

一个人的力量或许很强大，但终究是有限的，就像很多成功人士，其个人的能力很强，但将一个企业做大做强，靠的还是其背后整个团队的力量。所谓"一人行快，众人行远"，就是这个道理。

做民宿当然也不例外，从民宿设计到民宿营销，从民宿服务到民宿管理，都不是一个人可以独立完成的，而是需要众多人的努力与合作。可以说，仅依靠一个人来经营的民宿并不多见，即便一个人可以经营，民宿各项事务也会使此人疲惫不堪，根本无法做到事事精细，也几乎不可能将民宿做得风生水起。

有这样一家民宿，设计很有特色，里面的员工人数也不少，但经营情况并不理想，前去住宿的人员寥寥无几。为什么有了足够的人员也没有将

民宿做好呢？其实，仅仅有足够的人员是不够的，还需要每个员工各司其职，同时与其他员工协作配合，只有这样，才能发挥最大的效用。试想，谁会愿意去一家服务人员散漫、服务不到位的民宿居住呢？所以，并非员工越多越好，积极努力、团结协作才是关键。

当然，员工如何发挥自身的魅力与作用，如何有效做到分工协作，还需要科学的管理。

正所谓"无规矩不成方圆"，如果民宿人员众多，有时仅依靠员工自身是不够的，还需要相应的管理来辅助。所以，想做好民宿，就要发挥每个员工的力量，同时通过合理管理，将这些力量聚集起来形成更强大的前进动力。

民宿经营管理者需要明白"众人拾柴火焰高"的道理，要知道团结协作、强强联合比一个人的单打独斗更容易接近成功。

良好的民宿环境需要团队员工的共同努力

很多民宿经营者已经认识到了团队的作用和力量，也开始招收员工为民宿服务，却因疏于管理而导致民宿经营不景气。

所以，民宿经营者既要重视人的力量，也要重视管理的力量。

# 团队建设

如今的时代是一个强调团队合作的时代，一个人的冲锋陷阵远不如众人的齐心协力来得更有力量。所以，民宿经营管理者首先要组建一个富有凝聚力的团队，让团队中的每个人发光发热、团结协作，只有这样，才有可能经营好民宿。

# ⌂ 择员搭建团队

## ◆ 明确择员标准

明白了团队的意义，接下来就要选择人员搭建自己的团队。不过，在此之前要清楚，民宿团队的搭建要视自身的具体情况而定，因为所处区域不同，受众定位不同，团队搭建的框架也不相同。

了解了这一点，接下来就可以通过选择招聘渠道"招兵买马"，组建团队。

在招募和筛选人员时，不是招谁都可以，而是要有一定的标准，参照一定的标准，筛选出合适的人员。具体可以参照以下两个标准。

第一，个人条件要符合职位要求。

第二，与自己志同道合，认同民宿的发展理念和价值观。

符合这两个标准，就可以考虑将其纳入自己的队伍了。不过，所筛选的人员与自己的团队是否匹配，还需要在后期的管理中加以检验。

## ◆ 掌握择员技巧

在明确了择员标准之后，就需要实施招聘了。需要注意，在实施招聘的过程中，要讲究一些技巧，这样才有机会打造一个与民宿自身条件相匹配的优秀团队。

选择合适的招聘渠道

展现民宿本身的特色

体现人文情怀

帮助员工发展进步

选择员工的技巧

第一，选择合适的招聘渠道。

很多民宿经营管理者经常因招不到合适的员工而苦恼，经过深入了解才发现，之所以会出现这种情况，主要是因为他们没有找到正确的招聘方式和渠道。下面介绍两种常用的招聘渠道以供参考。

首先，通过线上渠道进行招聘。在当前互联网时代，线上招聘已成为一种重要的招聘方式，目前各大招聘 App 为人员招聘提供了便利。但在使用线上招聘 App 进行招聘时，要注意这样几点：一是对招聘 App 有一个深入的了解，了解当地人们更热衷于哪一种招聘 App，进而选择一个或多个适合自己的招聘 App 用于招聘；二是将自己本民宿的基本情况介绍得详细一些，包括民宿内部情况、工作内容、工作环境、薪资待遇等，介绍得越详细，越便于应聘人员详细了解民宿的基本情况，越能激发他们前来应聘的兴趣。

其次，通过线下渠道进行招聘。除了线上招聘渠道，线下招聘也是一种重要的方式，而且相较于线上招聘渠道更加精准。具体而言，线下招聘主要针对熟人或符合条件的相关人员进行应聘，这些人员有一定的工作经验，能够快速适应工作，而且面对面地交流能对这些人员有一个基本的了解，所以在沟通过程中能节省不少时间。

民宿经营管理者也可以尝试同时采用以上两种方式，这样可以更快招聘到能够胜任工作的人才。

第二，展现民宿本身的特色。

民宿要想吸纳优秀人才，还需要充分展现自身的特点，发挥自身的吸引力。民宿独有的特点和亮点、民宿所处的地理环境、民宿周边的设施、民宿所针对的顾客人群等，都是吸引人才的重要条件。

所以，为了扩大团队队伍，吸引优质人才，民宿经营管理者需要明确民宿定位和发展方向，完善民宿设施和条件，充分展现民宿的特点和发挥民宿的优势。

第三，体现人文情怀。

有些人选择民宿住宿而非酒店，很大程度上是因为民宿自带的人文情怀。所以，民宿的员工不仅要有较强的专业能力，还要熟悉民宿文化，展

有特色的民宿更能吸引人才

现人文情怀。

民宿经营管理者是民宿的核心所在，民宿文化也基本取决于民宿经营管理者的情感，而对于员工而言，能否与民宿经营管理者在情感和理念上相契合，也是判断员工是否符合岗位的关键。也就是说，民宿经营管理者要充分展现自身的人格魅力，体现民宿文化和情怀，并寻找秉承相同目标和理念并认同这种情怀的员工来壮大自己的团队。

第四，帮助员工发展进步。

员工在选择一份工作时，除了看重这份工作本身的特点和优势外，还看重这份工作能否为其提供更多学习、进步和发展的机会。选择从事民宿工作的员工也是如此，他们也同样注重民宿工作本身为其提供的一些发展机会。

民宿经营管理者不妨就此多做一些介绍，比如在民宿工作中提供专业技能的培训机会，为员工提供发展的机会等，这样既能增强员工的专业性技能，又能吸引优质人才的加入，可谓一举两得。

## 优化团队建设标准

吸纳了人才之后，接下来就要建设团队了，不过在建设团队的过程中首先要优化建设的标准。只有优化了标准，才能让团队中的每一位员工发挥自身的才能，做到各司其职与团结协作，也才能打造高品质的民宿品牌，让顾客感受到有温度、有质量的民宿服务，进而吸引顾客。

那么，如何来优化团队内部的建设标准呢？当员工成为民宿团队中的一员之后，接下来就是彻底融入团队，在这一过程中一般要经历以下

两个步骤。

| | |
|---|---|
| 步骤一 | 让员工认同民宿的经营理念和发展目标，清楚民宿运营规范等 |

| | |
|---|---|
| 步骤二 | 为员工提供学习培训的机会，让员工在提升技能的同时，通过实际操作和经验总结来达到团队建设的标准 |

优化团队建设标准的流程

## ⌂ 注重团队培养

组建了民宿团队还不够，还要重视和进行团队培养，这样才能产生团队凝聚力，打造优质的经营团队，进而转化为品牌魅力，更好地吸引客户和为客户服务。

具体可以参考以下途径来进行团队培养。

民宿团队培养的途径

　　建立良好的培训体系，可以让员工在工作的过程中拥有接受培训和学习的机会，让员工有进步和发展的机会。

　　操作流程标准，就是规范员工的工作程序。

　　优化管理机制，就是规范管理制度，让员工的工作有章法可循。

　　明确发展规划，就是明确民宿未来的发展路线和方向，并让员工为之

美好旅居
民宿设计与管理

一起努力。

制订合理的回报方案，可以让员工的付出得到应有回报，能够激发员工工作的积极性。

重视团队建设，就是注重对员工凝聚力的培养，通过一定的方法让团队员工更好地沟通与协作。

通过上述方式，相信每一位员工都能很快融入集体，并且对工作充满期待，工作积极性也必然随之提高。

【漫谈民宿】

## 团队建设，让工作、生活更精彩

团队建设对于任何一个企业而言都十分重要，其对于民宿而言，亦是如此。

有这样一家民宿，其非常重视团队建设，而且形成了自己的团队文化。该民宿的经营者会在员工的工作空余时间组织员工参加户外运动，也会组织员工外出旅行，还会带领他们去其他民宿参观学习，同时会鼓励员工分享自己的生活趣事。

这些举措不仅增进了团队员工之间的信任感，而且提高了员工工作和生活的积极性，使得员工积极工作的同时也能积极生活，让员工的工作和生活同样精彩。

# 人力资源管理

人力资源管理可不是只有大公司才需要，民宿经营中也同样需要进行人力资源管理。

开展民宿人力资源管理，可以充分发挥团队中每个员工的潜力和作用，确保民宿经营活动有条不紊地进行。所以，人力资源管理对于民宿经营而言十分重要。

# ⌂ 什么是民宿人力资源管理

要开展民宿人力资源管理工作，首先要了解什么是民宿人力资源以及什么是民宿人力资源管理。

所谓民宿人力资源，指的是民宿中所有人员工作能力的总和。

所谓民宿人力资源管理，就是指对民宿中所有人员的工作情况进行管理，包括对人员的组织、协调、培训，以及人力的合理配置等。

民宿人力资源管理的目的十分明确，即促使民宿员工充分发挥才能，实现民宿经营效益最大化。

# ⌂ 为什么要开展民宿人力资源管理工作

开展民宿人力资源管理工作之前，必须清楚其重要性，明白为什么要开展这项工作，怎样才能真正发挥这项工作的作用。

### ◆ 确保民宿经营活动顺利进行

民宿经营活动的开展需要依靠人的力量，也就是需要民宿经营管理者招募一些志同道合、具有一定专业能力的员工，并对这些员工进行合理配置，使他们合理分工、有效协作，而这些也正是民宿人力资源管理的基本职能。所以说，民宿资源管理是确保民宿经营活动顺利开展的前提。

### ◆ 提升民宿工作人员的素质

一个企业能否行得远、走得宽，与企业员工的素质有着重要关系。企业的素质归根结底是人的素质，也就是企业员工的素质，换句话说，企业员工的素质决定着企业的发展高度和宽度。而民宿人力资源管理涉及对员工的综合素质的培养，即民宿资源管理能够提升员工的素质，进一步而言，民宿资源管理能够提升整个民宿的素质，使民宿在日益激烈的竞争环境中站稳脚跟，打开市场。

### ◆ 提高服务质量

直白地来讲，民宿主要是为前来住宿的人群提供服务的，能否获得他们的肯定和青睐，服务质量是关键。服务终究是需要员工来提供的，所以民宿员工的服务质量决定着民宿的服务质量，甚至是未来发展。而员工的服务工作是民宿人力资源管理的重要内容之一，因此要想提高员工的服务质量，确保民宿长远发展，就必须做好人力资源管理。

整理如新的民宿客房

## 🏠 民宿人力资源管理到底管什么

不可否认，开展民宿人力资源管理工作是非常重要的，那么民宿人力资源管理到底涉及哪些内容呢？

具体来说，经营民宿首先要对人员进行规划，根据岗位预估所需人员，接下来就要进行人员招聘。为了使员工符合岗位需求，还需要对招聘进来的员工进行相应的培训，给予他们鼓励，实施合理的薪酬管理，对员工绩效进行考核等。

不难发现，民宿人力资源管理主要包含以下几个方面。

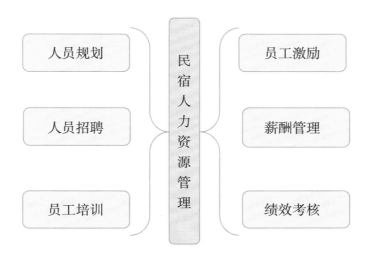

民宿人力资源管理的内容

◆ **人员规划**

在民宿经营过程中，需要根据民宿的发展方向来分析可能会出现的新职位，进而选择合适的人才来担任这些职务。民宿在进行人员规划时要具有前瞻性，要能准确分析人员的需求状态，避免出现长时间职位空缺的状况，以免影响民宿的正常经营。

◆ **人员招聘**

人员招聘就是指根据民宿的需要招聘所需人才的过程。员工的能力和素质直接影响着民宿人力资源的综合水平，也影响着民宿的未来发展，所以招聘过程中应采用有效的途径和方法，参照一定的标准，仔细进行筛选，从而筛选出符合岗位需要和民宿发展的人才。

#### ◆ 员工培训

员工培训作为民宿人力资源管理的重要内容，主要是指对民宿员工的技能加以开发和提升的过程。民宿员工的水平直接决定着民宿的综合水平，所以应重视对员工的培训。

#### ◆ 员工激励

员工激励也是民宿人力资源管理中的一项重要内容，其具体是指通过一些恰当的奖励措施来调动和激发员工的积极性，进而提高员工的工作效率。

#### ◆ 薪酬管理

薪酬管理是指将工资水平与员工工作水平相联系，并通过工资反映员工工作成绩的一项工作。薪酬管理工作是民宿人力资源管理工作的基础，具有较强的专业性，应当加以重视。

#### ◆ 绩效考核

绩效考核是民宿经营管理者确定员工待遇、薪酬水平、奖励、晋升的重要依据，也是民宿人力资源管理的重要内容。具体来讲，绩效考核是指对员工工作质量、工作速度、工作态度等的考察与评价。制定合理的绩效考核方式，可以激发员工的积极性和竞争性。

管理者在对员工的工作情况进行考核

绩效考核直接影响着员工的薪资水平、工作的积极性以及民宿的日后发展，所以在制定绩效考核标准时一定要做到公正、合理、可靠，避免出现以下错误。

没有区别：有时评估人员会给民宿中的每个员工打出相差不多的分数，这样就很难看到员工之间的差异。

都打高分：有些评估人员碍于情面，会给民宿中的每个员工打高分，这样既达不到考核的目的，也对于那些优秀的员工很不公平。

片面评估：有些评估人员会根据某个员工的突出特征进行评价，比如人缘好的人要比人缘差的人更容易获得高评价，从而出现以偏概全的问题。

因此，在进行绩效考核时，要避免出现上述问题，争取做到客观、公正。

# 员工培训与激励

民宿要想持续经营和发展下去，就要对员工进行培训，因为只有员工不断提升和发展，民宿才有持续发展的可能。此外，还需要对员工适时予以激励，这是调动员工工作积极性、提升团队凝聚力的重要举措。

## 员工培训

可能很多人会认为，民宿服务就是收拾房间、打扫卫生这么简单。其实不然，民宿服务包含着众多的内容，也有着很高的技术要求，而这也就

美好旅居
民宿设计与管理

对民宿员工的综合素质提出了较高的要求，因此对民宿员工进行培训也就十分有必要。

## ◆ 员工培训的意义何在

第一，提升员工专业知识和技能。

通过形式多样、内容丰富的培训活动，员工可以学到全面的专业知识，专业技能也会随之获得提升。与此同时，员工的其他潜能也会得到激发。

第二，提高员工工作效率。

如果上岗后没有接受相应的培训，那么员工只能在工作实践中不断摸索和学习，这会耗费很多精力和时间。而通过培训，员工可以更快地适应工作，工作效率也会随之提高。

第三，提高工作安全性。

通过培训，员工可以更加娴熟地操作一些设备，也会更具有安全意识，这样不仅可以减少事故的发生，还能降低损耗。

第四，提升自信心。

在不熟悉工作环境和流程的情况下，员工的自信心是很容易受到打击的。而经过培训之后，员工能够更快地熟悉工作环境，掌握工作流程，自信心也会随之得到提升。

第五，加强沟通，便于管理。

对员工进行培训的过程实际上也是与员工不断沟通的过程，在这个过程中，管理人员和员工之间可以深入沟通，相互了解，这样不仅可以增强团队的凝聚力，而且便于管理者今后的管理工作。

民宿前台服务人员接待客人时自信满满

## ◆ 员工培训的类型多种多样

民宿员工培训包含多种类型，不同类型的培训有着不同的特点、目的和意义。

第一，岗前培训。

在员工真正进入工作岗位之前的培训就是岗前培训。岗前培训是非常有必要的，它是确保员工胜任日后服务工作的基础。

具体来讲，岗前培训主要包括民宿的规章制度、民宿的行业知识、员工的素质要求、安全常识、仪容仪表、礼貌礼节、基本的职业道德等方面的内容。除此之外，岗前培训还包括对员工的岗位规范、技术等方面的培训。通过岗前培训的员工能够更快地胜任相关的工作。

第二，在职培训。

员工的培训并不止步于岗前培训，在走上工作岗位之后依然要接受

快速胜任工作的民宿服务人员

相应的培训，即在职培训。在职培训包含多种不同类型的培训，具体
如下。

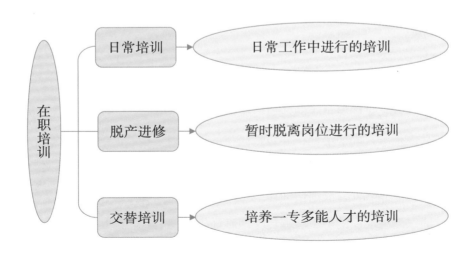

在职培训的类型

日常培训发生在日常工作中，既不影响正常的工作，也不需要特别的准备，通常是民宿管理人员对员工的帮助、指导和提示。日常培训可以使员工在平时的工作中不断掌握相应的专业技能，提高业务能力。鉴于日常培训操作简便、实用性强的特点，建议民宿管理人员合理使用。

脱产进修主要针对的是一些准备被晋升、在某一方面有着较强的专业性以及有必要接受培训的员工而言的。管理者会安排这些员工暂时脱离工作岗位去一些专业的学校或培训班进修学习。这种培训方式看似会对目前的工作造成一些影响，但这种影响只是暂时的，从长远来看，这种培训方式无论对员工还是民宿，都是非常有利的。

交替培训是为了便于人员调配而开展的培养一专多能人才的培训。交替培训是在掌握本岗位相关技能的基础上，学习和掌握其他岗位业务知识和技能。当其他岗位的人员脱离岗位时，熟练这一岗位技能的其他员工就可以替补上来。此外，通过交互培训，员工自身会掌握多种技能，这对于员工本身的发展而言也是十分有利的。

第三，发展培训。

发展培训主要是针对民宿管理人员而言，其目的在于培养和发展民宿管理者的洞察力、决策力等，使他们具备预测民宿未来发展方向和应对各种问题的能力。此外，发展培训包括培养民宿管理者的交际和协同工作的能力。

## ◆ 员工培训的内容丰富多样

员工培训到底都培训些什么呢？实际上，员工培训的内容十分丰富，凡是民宿经营中涉及的内容都应该是员工培训的内容。但总结来讲，员工培训主要包含以下几个方面的内容。

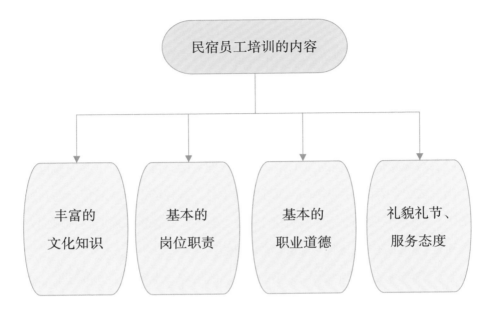

民宿员工培训的内容

第一，丰富的文化知识。

想必每一个民宿经营管理者都想让民宿体现一定的文化底蕴，因为这是吸引客人的重要因素。而民宿的文化底蕴除了民宿建筑本身所承载的底蕴，主要还是通过人来彰显的，即通过民宿员工彰显出来，所以对民宿员工进行文化知识的培训很有必要。具体而言，文化知识包括历史知识、政治知识、地理知识、法律知识、艺术知识、语言知识等，具备了丰富的文化知识，民宿员工可以为来自不同国家、有着不同文化背景的人提供相应的服务。

第二，基本的岗位职责。

员工培训的主要目的就是让员工更好地服务于工作岗位，所以岗位职责培训是员工培训的重要内容。

具体而言，岗位职责培训的内容主要包括本岗位的工作任务、工作流程、职责要求、标准要求、质量要求、国家的相关规定、设施的操作与管理、相关票据的填写等。

第三，基本的职业道德。

基本的职业道德是每个在职工作的人员都必须具备的，民宿服务人员也不例外。进行职业道德的培训，一方面可以端正民宿员工的工作态度，提高他们工作的积极性，另一方面也能让民宿员工感受到工作的意义以及工作带给他们的成就感。

第四，礼貌礼节、服务态度。

民宿的宗旨是为客人服务的，所以端庄的仪态、礼貌的言行、良好的服务态度是民宿员工所必须具备的，而这也就成了员工培训的重要内容。

【漫谈民宿】

## 员工培训的一些常用方法

在对民宿员工进行培训时，可采用的方法也是非常多的，下面就介绍几种常见的方法，以供参考。

示范操作法：培训人员示范操作，学员模仿训练。

课堂讲解：以知识性讲解为主，主要是培训人员向学员传授某些相关知识。

　　角色扮演：学员分别扮演不同的角色，模拟相关情境，在这一过程中得到训练。

　　案例分析：培训人员就某一典型案例向学员进行分析讲解，学员积极参与讨论。

　　当然，培训的方法远不止这些，还包括专人指导法、对话训练法等，这里不再一一说明。

## ⌂ 员工激励

　　激励员工，可以使员工受到鼓舞，工作热情和潜能得到激发，并能够为了民宿的发展目标而不懈奋斗。所以，对民宿员工采用激励措施是非常重要且有必要的。

### ◆ 激励的作用有哪些

　　第一，激发员工的工作热情。

　　恰当地激励员工，可以使员工感受到自己的工作得到认可，此时员工的工作热情会持续高涨，干劲十足。

　　第二，确保民宿高效运营。

　　激励策略可以充分调动民宿员工的积极性，激发他们的创造性，而积极进取的员工会推动着民宿高效运营。

第三，提升团队凝聚力。

激励策略可以使民宿员工形成和谐的人际关系，进而可以使民宿员工形成强大的凝聚力。

### ◆ 激励的方式多种多样

在激励员工时，所采用的方式不可单一，要多样化一些，具体可以参照以下几种方式。

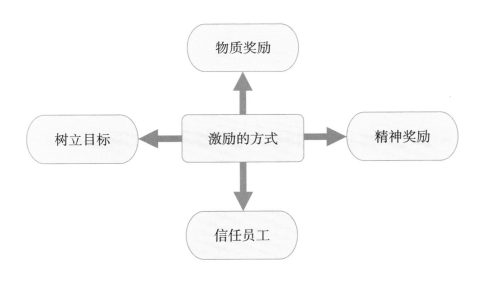

激励的方式

第一，物质奖励。

在众多激励方式中，物质奖励最为直接和有效。当某位员工表现优秀、贡献突出时，可以恰当给予物质奖励，这将对员工起到极大的鼓励作用。

第二，精神奖励。

精神奖励虽不比物质奖励来得实际，但其发挥的作用是巨大的，根本不能用物质来衡量。给予员工适当的精神奖励，可以使员工在精神上受到莫大的鼓舞，员工也会因此不断努力，不断进取。

第三，信任员工。

信任员工也是一种激励方式，给予员工信任，会让员工产生强烈的责任感和成就感，进而会更加积极地工作。

第四，树立目标。

树立目标也是一种重要的激励方式。树立目标，可以激发员工的工作动力，促使员工以民宿的目标为目标而不懈努力，更愿意与民宿同进步、共发展。

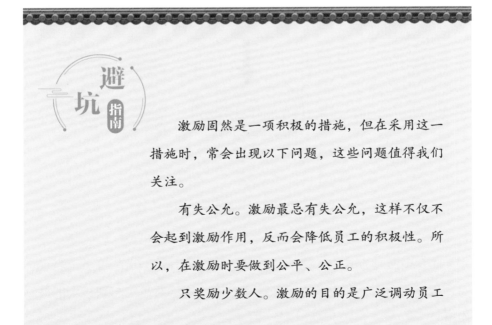

激励固然是一项积极的措施，但在采用这一措施时，常会出现以下问题，这些问题值得我们关注。

有失公允。激励最忌有失公允，这样不仅不会起到激励作用，反而会降低员工的积极性。所以，在激励时要做到公平、公正。

只奖励少数人。激励的目的是广泛调动员工

的积极性，如果只奖励极少数的人，那么剩余的大多数人多少会有些失落。所以，奖励的范围要大，要让大多数人受到奖励。

不注意分寸。表扬和批评都是激励的一种方式，但如果把握不好分寸，很可能适得其反。所以，无论是表扬还是批评，都要把握分寸，表扬不可过度，批评也不可伤及对方的自尊心。

# 学习成功者的经验

"三人行，必有我师焉"，这个道理在民宿经营中同样适用。

建立自己的团队，并对其中的员工进行有效管理，其实并非易事。如果仅凭自己的管理实践想要摸索、总结出一套合适的管理经验，一方面要耗费较长的时间，另一方面也可能会以失败告终。所以，此时不妨向成功者学习，将成功者的经验作为己用，这不仅可以节省大量的时间和精力，而且要比独自摸索更容易成功。

学习成功者的经验，到底要学习什么呢？

一是要学习成功者的管理经验。这主要是针对民宿管理者而言的，民宿管理者可以向做得比较成功的民宿主学习其管理经验，如如何组建自己的团队，如何提升团队凝聚力，如何实施人力资源管理，学习其成功的培训方式以及激励方式等。

二是学习成功民宿员工的工作方式。这主要是针对员工而言的，民宿管理者可以组织自己的员工前去做得比较成功的民宿学习其员工的工作方式，如学习其服务的态度、服务的方式等。

总之，学习成功者的经验，对于民宿管理者而言，可以更好地组织团队、管理员工，对于员工而言，可以更好地提升自己，服务民宿，而这些都有助于民宿更好地运营和发展。所以，无论是作为民宿的管理者，还是民宿中的员工，都应该向成功者吸取经验。

第六章

守护心灵之旅，规范运营，民宿后勤管理

科学的民宿后勤管理能为民宿运营解决后顾之忧，一家好的民宿，其后勤管理一定是规范的、温馨的、安全高效的。

　　让旅客心动的民宿设计与活动策划会增加旅客入住的意愿，别出心裁的民宿服务能给旅客留下深刻的印象。而系统高效的民宿后勤管理在旅客难以察觉的地方为民宿"保驾护航"，以优化旅客的旅居体验、提升民宿的美誉度。

　　要想民宿长期持续运营，那么，就一定不要忽视民宿的后勤管理。

# 日常管理

## 互通有无，日常沟通管理

高效沟通有助于民宿各项工作的有效开展和高速运行，而无效沟通不仅会耽误工作进展，还会造成误会。

在民宿日常管理中，日常沟通管理是非常重要的一方面，这不仅涉及员工对民宿文化的理解、认可，也涉及员工与员工之间工作的对接、协作。如工作人员之间沟通顺畅，可以避免前台工作人员在不知情的情况下将设备有故障的房间让客人入住的情况发生。

确保沟通畅通无阻、沟通高效，是民宿日常沟通管理的一个重要原

则。对此，民宿管理者可以采取多种方式完善沟通。

邮件沟通

微信（图、文、音频、视频）沟通

民宿员工之间纵向、横向沟通

民宿（前台、留言墙）留言板沟通

面对面沟通

民宿日常沟通方式

## 查漏补缺，日常巡视管理

　　一个人始终能保持良好的个人形象，这有助于在交往过程中给别人留下良好的印象，民宿也如此。让民宿的外观、布局、服务、安全等始终处于正常运作的状态下，也会让旅客无时无刻不感受到民宿的贴心管理与服务，给旅客留下好印象。

民宿日常巡视管理能为民宿的管理与服务起到查漏补缺的作用，这样可以及时纠正不妥之处、不断优化好的方面。

民宿日常巡视管理可谓事无巨细，主要体现在以下几个方面。

## ◆ 关注员工的仪容仪态

大多数时候，员工在民宿整体的空间环境中是不断流动的，是容易被随时关注到的，民宿员工的优质服务不仅体现在具体的事项和活动执行过程中，更体现在仪容仪态上。如果员工不能保持良好的仪容仪态，那么民宿的形象将大概率会在旅客心中"被扣分"。

民宿主或民宿管理者在巡视过程中，如果见到员工衣衫不整、不净，着装不规范、不统一的情况，应及时提醒。

## ◆ 留意公共区域

民宿的公共区域有很多，如大堂、餐厅、茶室、健身房、庭院、公共泳池等，这些区域的设施及环境卫生应时刻保持有序、整洁。如果发现有不妥之处应及时处理。

雨雪天气，旅客进入庭院和大堂时员工应及时迎接，地板上留下的脚印、水渍应及时清理，大堂入口处应增放雨伞架、衣帽架，方便旅客存放或拿取伞具、放置雨衣。

餐厅或茶室中，旅客就餐、饮茶离开后，应及时将座位归位摆放、及时清理桌面和地面的垃圾，对旅客提出的点餐、续水等要求应及时回应，如不能及时满足客人的需求，应说明情况并致歉，争取获得谅解。

民宿庭院

此外，如果遇到公共区域内人员较多的情况时，应及时采取引流、分区、提高工作效率等措施优化服务流程，要确保旅客拥有良好的旅居体验，同时又不会打扰到其他旅客。

民宿特色活动区域

民宿公共区域是一个比较开放的环境，需要注意很多方面，巡视者可以多次观察巡视，以便及时发现问题并处理。

### ◆ 充分调动你的感官

要让整个民宿的空间环境时刻保持优美、整洁、和谐，需要巡视者做到"眼观六路、耳听八方"，事无巨细地查漏补缺。

通过视觉，检查整个民宿的内部、外部环境及环境中的设施、物品、装饰等是否合理、整洁。

通过听觉，及时掌握旅客的合理需求并了解民宿工作人员是否积极回应并满足旅客的合理需求。

通过嗅觉，可以对空气的清洁度有一个大致的判断，如开放性厨房是否有油烟飘散到旅客用餐区，茶室是否需要增设香炉或香薰，公共卫生间的空气是否清新等。

通过皮肤感觉，可以感受天气、气温变化，及时提醒旅客外出注意防晒、保暖、携带雨具等。

总之，民宿日常管理是非常细致的一项工作，任何一个温馨的细节都能给旅客带来难忘的旅居体验，想要出色地完成该项工作，需要巡视人员有足够的经验、耐心和细心。

【漫谈民宿】

## 用可量化的标准规范细节

在民宿管理中，量化的标准更具有参考执行性，后勤管理也不例外。可量化的标准能让民宿员工在工作中有标准可遵守、执行，也便于巡视者、管理者进行评判并提出优化策略。

以旅客进入民宿门厅、旅客在餐厅用餐为例，可根据如下标准对民宿工作流程和服务标准进行量化。

旅客进入民宿门厅：

● 看到旅客携带行李进入，2 秒内主动与旅客打招呼、问候旅客。

● 旅客靠近约 3 米时，主动打招呼。

● 主动帮旅客拿行李。

● 为已预订的旅客办理入住手续不超过 2 分钟。

● 为未预订的旅客办理入住手续不超过 3 分钟。

旅客在餐厅用餐：

● 点菜电话铃声响起 3 声内接听。

● 听到或看到旅客示意，2 秒内做出回应。

● 旅客到达餐厅后 1 分钟内让旅客就座。

● 旅客落座 1 分钟内呈递餐单、酒水单。

● 5 分钟内调制好一杯果汁。

● 为客人加座位不超过 30 秒。

● 旅客用餐离席后，2 分钟内收拾好台面、地面。

## 昼夜坚守，日常值班管理

民宿日常值班管理工作内容比较简单，但工作性质非常重要。做好日常值班管理，对切实维护民宿全体工作人员、入住旅客的人身和财产安

全，维持民宿中的各项工作与活动的顺利展开，确保民宿设施设备安全运行等具有重要意义。

良好的日常值班管理应管理好人、事、物三个方面。具体如下。

首先，确定值班人员的人数和入住旅客人数。一般来说，值班人员应至少有一名；必要时，一人值班，一人随时待命，以确保值班人员能快速分工、协作处理紧急发生的事件。在对具体工作人员的值班安排上，可以采用固定人员值班，也可以采用全体或部分员工进行轮换值班的制度。

值班人员 〉〉

确定值班人员人数；

规范着装（着工服）；

确保手机 24 小时开机；

加强夜间安全巡防、安全预防工作；

不打扰、惊扰旅客；

做好工作交接。

确定当天入住、在店、离店人数；

了解当日入住率、空房数；

了解不同旅客对应的管家是谁；

了解是否有旅客预订需逾期抵达。

〈〈 旅客

民宿日常值班中"人"的管理

其次，明确值班人员的工作内容和负责事项。例如，面对一些深夜抵达的旅客，最好安排专门的对客人员进行接待，这就需要协调民宿值班人员的工作时间和内容。在对"事"的管理上，管理者应给负责值班的人员进行适当的放权，确保值班人员可以应对一些应急事件，日常做好员工值班时面对突发情况的应急处理流程与策略。

今日民宿内有无待接待活动；

今日民宿有无宴会活动；

今日民宿有无可能影响旅客的维修、改造、停电/水等事项；

关注民宿的各事项有无冲突、能否正常开展；

做好值班工作记录。

民宿日常值班中"事"的管理

　　最后，值班管理中的"物"包括两个方面，一方面是明确具体值守物品；另一方面是为值班人员配备必要的工作物品，如工服、通信工具、照明工具、维修工具、警备工具和装置等。

# 餐饮管理

## ⌂ 餐饮配备与服务

### ◆ 用餐

根据民宿管理规定，在为旅客办理入住手续后应确认旅客的订单中是否提供餐饮、茶点，并确认提供时间与次数，与旅客确认无误后，提前告知后勤餐饮部门以便及时备餐。

针对旅客用餐需求，应灵活处理。

预订房间不附带提供餐饮的情况应向旅客说明。

预订房间附带提供餐饮时，应明确送餐到客房
内还是旅客自行前往餐厅用餐。

确认旅客民宿订单供餐情况

很多民宿会为旅客提供早餐服务，一般需要旅客自行前往餐厅用餐，工作人员应提前告知旅客用餐的时间段，以免旅客错过用餐时间。

餐厅应在正式供餐前，提前做好准备，包括环境、设施、餐具、食物和饮品等的准备。

如果旅客要求在客房内用餐，民宿相关负责人应提前做好沟通、协调，确保餐饮能准时送往旅客的房间。同时，要确保食材的新鲜并提醒顾客及时享用或享用时的注意事项，避免烫伤、放凉等。

一些旅客会有一些用餐上的特殊要求，如同行有小孩、老人；恰逢纪念日；为同伴准备用餐惊喜等，如果旅客的要求合理，民宿的相关工作人员应提前向负责人汇报，并确认活动计划、组织落实。

备餐

了解来餐厅用餐的大致人数

开放餐厅空调

准备饮食、餐具

检查餐厅环境卫生

问候来用餐的客人

检查自身的仪容仪表和备餐情况

引导客人自行用餐或提供套餐服务

了解客人的特殊用餐需求

供餐

民宿餐饮的准备与服务

为客人精心准备的早餐

一些好客的民宿主还会主动为旅客提供美食，如赠送茶点、开办户外烧烤派对、举办篝火野餐会等，以美食为连接纽带，能真正拉近民宿主与旅客之间的关系。

### ◆ 饮品

民宿饮品一般包括四大类，根据民宿餐饮制度和旅客需求按时、按需提供，避免浪费。

一些民宿会存在一些特色饮食文化，如地方特色美食、制茶品茶活动等，这些特色饮食文化应提前向旅客说明并鼓励旅客参与、品尝，让顾客有不一样的旅居体验。

民宿饮品常见种类

民宿饮品吧台

# 食品卫生与安全

民宿的食品卫生与安全是民宿餐饮管理的重点，这要求民宿餐饮管理者要科学把控整个民宿的食物卫生、餐饮工作人员的个人卫生，以及餐饮服务过程中的卫生。

首先，要严格把控食品的采购，确保食品原材料的卫生与安全、食品材料配送过程中的卫生与安全、食品装卸与储存环节的卫生与安全，整个流程应规范有序、有专人监督。

其次，民宿餐饮工作人员必须持证（健康证）上岗，在接触食物的过程中，应操作规范，避免污染源污染食物。

最后，做好厨具、餐具的清洁和消毒。熟食和生食应分区域准备和处理，厨具、炊具、餐具用完后应及时清洗；每天餐饮工作完成后，要对这些厨具和餐具进行逐一、统一消毒，并安全存放。

总之，任何时候都不能放松对民宿食品卫生与安全的管理，关注旅客用餐卫生与安全，管理工作要具体到每一个环节、具体到每一个人，切实落实食品卫生与安全管理工作。

# 卫生管理

## 食宿卫生管理

### ◆ 饮食卫生管理

饮食卫生是民宿餐饮管理的重要内容，也是民宿卫生管理的关键环节。

民宿饮食卫生包括两个方面，一是"饮"的卫生，二是"食"的卫生。要做好这两个方面的管理工作，需要从具体人事管理上下功夫，即将"饮""食"工作划分到具体工作人员的职责中，实行岗位责任制，同时不同岗位之间规范交接。

食品原材料采购　　食品原材料配送　　食品原材料装卸

用餐　　送餐　　食品原材料烹饪

把控食品卫生的全流程

俗话说"病从口入"，民宿食品卫生管理应得到民宿管理者的重视，这不仅需要加强管理意识、管理流程与内容，更要求民宿管理者多思、多想，避免管理死角。

对于以下容易忽视的管理盲区，应特别注意，避免出现管理漏洞。

第一，有毒、有害物品（如花草除虫农药、除鼠和除蟑螂的物品）应远离厨房放置，并用醒目的标志标明。

第二，要求厨房人员严格遵循管理规定，不得私自帮客人烹饪不明来源的食物。对于旅客自己携带、采摘的动植物（如猎物、野菜、蘑菇等），工作人员应委婉拒绝并说明情况。

第三，对于入住旅客自带的饮品、方便食品等，工作人员应尽到提醒义务，避免旅客食用或饮用过期、变质食物和饮品。

### ◆ 客房卫生管理

针对民宿的客房卫生管理，应做好清洁和巡视工作。

首先，应明确员工工作内容与职责，严格按照工作内容和工作流程完成客房的清洁工作。

其次，负责卫生管理的管理者应定期或不定期对清洁人员进行工作标准考核和工作内容检查，还可以通过询问旅客对客房卫生的满意度、建议或意见等来完善客房卫生管理。

民宿客房清洁具体工作内容在本书第四章已详细介绍，这里不再赘述。有一点需要提示的是，一些民宿管理制度中会将客房清洁和布置工作放在一起进行，具体可视民宿的管理规定而定。

## 公共环境卫生管理

民宿公共区域环境卫生管理大致可以分为室内、室外两种环境的管理，如民宿门厅、餐厅、茶室、健身房、公共浴池、庭院等。对于这些公共区域应安排专人负责，明确具体工作内容与工作区域。

落实公共泳池的清洁和消毒工作

规范民宿庭院的清洁和布置工作

# 消防安全管理

##  做好消防预防

　　民宿主和安全管理人员应注重民宿消防的定期和不定期抽查或统一排查，对存在安全隐患的地方要及时处理。另外，民宿内要提前在醒目、方便拿取处，安装和放置足够的消防设备，以备不时之需。

　　对于民宿内部建筑环境和外部环境中可能存在消防安全隐患的设备、环境要进行特别管理。

　　消防设备要定期检查，检查时，按照"一半检测、一半留存"的原则进行，如每个楼梯拐角处配有两个灭火器，在检测时，可将每个楼梯拐角

户外照明应做好防短路、防漏电等消防安全管理措施

室内的壁炉，应有专人对壁炉进行安全管理

处的灭火器取走一个、留下一个，待取走的检测完毕归还或更换新的后，将合格的灭火器放回原位，再取走另一个进行检测，这样确保楼梯拐角处能始终至少保留一个灭火器。

木质结构为主的民宿建筑应做好火灾预防管理

## 🏠 定期组织消防演习

定期组织民宿全体员工进行消防演习，加强对民宿工作人员的消防培训，培训程度应达到任何员工在遇到突发火灾事故时都能冷静、规范地做到"两懂""三会"。

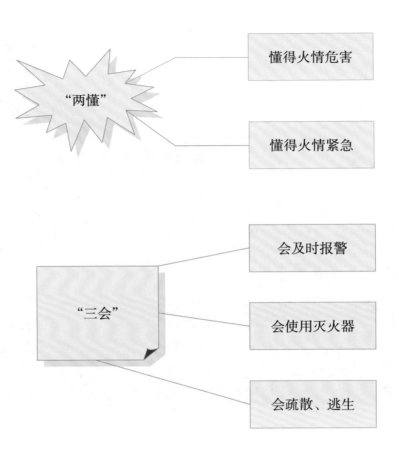

民宿员工消防工作的"两懂""三会"

# 突发事件应急处理

## 🏠 民宿常见突发事件处理

民宿发展至今虽然历史并不久，但是同酒店经营管理一样，已经有很多突发事件先例，并有很多可预见或不可预见的突发事件风险。对此，民宿经营管理者应做到提前防范，做好应对准备，以便面对突发事件时冷静沉着、科学处理。

民宿突发事件有很多种，这里重点介绍以下几种事件的正确处理方法和原则。

◆ **物品遗失处理**

如果出现民宿主或旅客有物品丢失的情况，应采取以下应急措施。

第一，确认物品的名称、型号／规格、数量。

第二，询问相关人员最后一次有印象见到遗失物品的时间、底单。

第三，调查监控。

第四，如有必要协助旅客进行报警处理。

需要特别提示的一点是，不要妄自怀疑和推断，不得擅自对旅客进行房间的搜查或搜身，可以梳理事件经过并向相关旅客说明情况，安抚旅客耐心等待警察的到来。

◆ **旅客伤病处理**

到外地旅行，天气和水土环境变化可能导致身体不适，再加上旅客出去游玩对身心能量的消耗较大，身心容易疲乏，体质下降时容易生病。

遇到旅客有感冒、擦伤等情况发生时，应采取以下处理措施。

第一，关心和询问旅客是否自己携带了应急药品。

第二，积极帮助旅客处理，如提供热水、创可贴，进行消毒、包扎等。

第三，建议旅客减少外出，注意休息，关注和跟进旅客的伤病情况，必要时及时帮助旅客就医诊治。

民宿相关人员交接班时，应注意向下一岗工作人员和值班人员告知旅客的病情病况，做好后续观察工作。

如果旅客在民宿中突发严重伤病，应立即求助 120 或紧急送医救治。

### ◆ 旅客突发矛盾处理

当旅客之间发生误会、摩擦，甚至大打出手时，应做好以下处理措施。

第一，制止双方的行为，防止矛盾和事态进一步升级。

第二，询问和检查旅客是否有受伤情况，分别进行安抚。

第三，旅客醉酒后的言谈举止，是不自控、无意识的，对此，民宿管家应视具体情况灵活处理，规劝其到房间休息。

第四，对于旅客的严重破坏性行为、酗酒过度、恶性伤人行为，应及时报警、送医。

### ◆ 停水、停电、断网处理

民宿经营管理者应做好日常的水电、网络维护和维修，以免影响旅客的正常起居和生活。

遇到民宿突然停水、停电、断网事件发生时，应做好以下处理措施。

第一，及时检查，发现故障根源。

第二，及时安抚旅客，并告知旅客事情经过和预计处理时间。

第三，请专业水电工和网络维修人员维修故障，切勿私自调整、接拉管线，以免发生意外。

### 突发气象或自然灾害应对

民宿应科学选址，这会在一定程度上降低民宿遭遇突发自然灾害的概

率，但任何事情都无法做到万无一失，民宿所在地遇到突发气象或自然灾害事件时，应镇静、及时、迅速处理。以下简单举例。

遇到突发风、雨、雪等恶劣天气的处理措施具体如下。

第一，做好即将入住或离店旅客的接送服务。

第二，对于已经在民宿入住的旅客应尽到安全提醒义务。

第三，做好民宿供电、供水、供暖等设备的检修，确保旅客居住的舒

民宿庭院道路被大雪覆盖

适感。

遇到突发滑坡、山火、地震等自然灾害时，应采取以下处理措施。

第一，民宿内醒目位置张贴标志、宣传海报等，明确安全逃生路径。

第二，切勿贪恋财物，迅速组织民宿内的全体人员撤离到安全的场所。

第三，有序、有组织地安置旅客，积极自救和等待救援。

## ⌂ 跟进与复盘

安全无小事。在民宿经营和管理中，要积极总结经验教训，关注同行业或社会中的突发事件，制订应急预案，做好员工安全培训、应急培训。

对于民宿已经发生的意外事件应本着冷静、积极、以人为本的态度进行处理，切实保障旅客以及民宿员工的人身、财产安全。事件平息后，应及时回顾、反思，吸取经验教训，完善应急预案，以提高民宿经营管理团队妥善处理同类事件的能力。

# 参考文献

[1] Airbnb 爱彼迎中国专家委员会 . 现代乡村民宿经营与管理实务 [M]. 北京：中国旅游出版社，2020.

[2] 方辉 . 互联网 + 餐饮店推广、采购、支付 [M]. 广州：广东经济出版社，2017.

[3] 国际纺织品流行趋势·软装 mook 杂志社 . 民宿的软装：巧用在地文化装饰民宿 [M]. 南京：江苏凤凰科学技术出版社，2018.

[4] 何修猛 . 现代公共关系学 [M]. 上海：复旦大学出版社，2015.

[5] 洪涛，苏炜 . 民宿运营与管理 [M]. 北京：旅游教育出版社，2019.

[6] 江美亮 . 民宿客栈怎样做：策划·运营·推广·管理 [M]. 北京：化学工业出版社，2020.

[7] 李勇 . 互联网 + 酒店：传统酒店的战略转型、营销变革与管理重构 [M]. 北京：人民邮电出版社，2016.

[8] 刘荣 . 民宿养成指南 [M]. 南京：江苏科学技术出版社，2018.

[9] 吴文智 . 民宿概论 [M]. 上海：上海交通大学出版社，2018.

[10] 闫雪 . 乡村民宿管理经营 [M]. 北京：北京邮电大学出版社，2018.

[11] 颜静，秦梦志 . 好设计 [M]. 青岛：中国石油大学出版社，2017.

[12] 王生平，滕宝红 . 酒店经理 365 天超级管理手册 [M]. 北京：人民邮电出版社，2013.

[13] 王艺湘 . 视觉环境设计色彩 [M]. 北京：中国轻工业出版社，2017.

[14] 严风林，赵立臣.民宿创办指南：从 0 到 1 开民宿 [M].武汉：华中科技大学出版社，2020.

[15] 朱多生，周敏慧.酒店客房服务与管理 [M].成都：成都电子科技大学出版社，2013.

[16] 张文.微信电商：这么做最赚钱 [M].北京：中国铁道出版社，2015.

[17] 张琰，侯新东.民宿管理与服务 [M].上海：上海交通大学出版社，2019.

[18] 酒店和民宿的七大区别，旅行中选对住宿环境，才能有家的温馨！[EB/OL].https://baijiahao.baidu.com/s?id=1618080485350155135&wfr=spider&for=pc，2018-11-25.

[19] 近几年兴起的民宿行业，发展越来越大的原因是什么 [EB/OL].https://baijiahao.baidu.com/s?id=1633769588773061536&wfr=spider&for=pc，2019-05-17.

[20] 2020 年中国民宿行业房源情况、房东画像、房客画像及行业发展趋势分析 [EB/OL].https://www.chyxx.com/industry/202103/939474.html，2021-03-19.

[21] 2019 年中国民宿行业概览 [EB/OL].https://www.fxbaogao.com/ pdf?id=2158351&query=%7B%22keywords%22%3A%22%E6%B0%91%E5%AE%BF%22%7D&index=0&pid=,2020-09-08.

[22] 民宿 | 6 款常见的民宿风格，你最喜欢哪一款 [EB/OL]https://www.sohu.com/a/243222470_100147236，2018-07-25.